U0159213

21世纪，生命科学的革命性突破
基因编辑——对基因组特定目标的精确修改

基因工程诞生于20世纪70年代，又称基因拼接技术、DNA重组技术，是一种在分子水平上对基因进行操作的复杂技术。科学家将某一供体生物的DNA大分子提取出来，用内切酶和连接酶实现DNA分子体外切割和连接，使新的基因进行正常的复制和表达。

不过，早期的研究进展缓慢且具有较大的局限性。片段式的操作具有模糊性，人们很难确定部分的修改是否会带来其他影响。最近20年，得益于基因编辑技术的革新，基因工程得到了快速推进。科学家将基因编辑视为生命科学的革命性突破，它可以对单一碱基作精确修改，模糊带来的不确定性也许能得到解决。

病毒学博士、分子生物学教授、表观遗传学专家内莎·凯里用通俗化的语言为我们讲述基因编辑的故事，畅谈基因编辑与我们的关系、分享基因编辑的核心技术与突破性实验，如无性生殖行军蚁基因实验、小麦基因组实验、动物肌肉生长抑制素基因实验、基因驱动消灭蚊子实验、小白鼠皮毛颜色基因实验。此外，凯里还为我们揭示了蓝闪蝶的翅膀为何永不褪色，美西蝾螈的再生能力，小鼠实验研究基因编辑对表观遗传的影响，展望了基因编辑的未来。

凯里畅想基因编辑如何科学地服务于人类、服务于地球，同时也提出警示——一些负面作用不得不考虑，基因编辑不能用于生物武器，不能破坏我们的生态环境，地球必须受到保护。

作者强调，基因编辑只能在遵守法律、行政法规和有关规定的前提下推进，不得危害人体健康，不得违背伦理道德，不得损害公共利益。

科学可以这样看丛书

HACKING THE CODE OF LIFE

修改基因

基因编辑破译生命密码

〔英〕内莎·凯里（Nessa Carey） 著

张 玲 译

精确修改单一碱基
基因编辑破解"生命之书"
基因编辑在表观遗传学上的突破

重庆出版集团 重庆出版社

Hacking the Code of Life: How Gene Editing Will Rewrite Our Futures
by Nessa Carey
Copyright © 2019 Nessa Carey
This edition arranged with THE MARSH AGENCY LTD through BIG APPLE AGENCY, INC.,
LABUAN, MALAYSIA.
Simplified Chinese edition copyright © 2023 Chongqing Publishing & Media Co., Ltd.
All rights reserved.
版贸核渝字(2019)第149号

图书在版编目(CIP)数据

修改基因 / (英)内莎·凯里著;张玲译. 一重庆:重
庆出版社,2023.10
书名原文:HACKING THE CODE OF LIFE
ISBN 978-7-229-17640-2

Ⅰ.①修… Ⅱ.①内… ②张… Ⅲ.①基因工程
Ⅳ.①Q78

中国国家版本馆 CIP 数据核字(2023)第083967号

修改基因

XIUGAI JIYIN

〔英〕内莎·凯里(Nessa Carey) 著

张 玲 译

责任编辑:连 果
审 校:冯建华
责任校对:何建云
封面设计:博引传媒·邱江

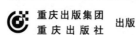 重庆出版集团
重庆出版社 出版

重庆市南岸区南滨路162号1幢 邮政编码:400061 http://www.cqph.com
重庆出版社艺术设计有限公司制版
重庆市国丰印务有限责任公司印刷
重庆出版集团图书发行有限公司发行
全国新华书店经销

开本:710mm×1000mm 1/16 印张:6.5 字数:95千
2023年10月第1版 2023年10月第1次印刷
ISBN 978-7-229-17640-2

定价:45.80元

如有印装质量问题,请向本集团图书发行有限公司调换:023-61520678

Advance Praise for *HACKING THE CODE OF LIFE*
《修改基因》一书的发行评语

《修改基因》是过去十年科学家关于表观遗传学研究的启示性推进。

——卡尔·齐默（Carl Zimmer）

《华尔街日报》（*Wall Street Journal*）

作者对一个可能颠覆人类对健康与疾病认知的新领域作出了较准确的诠释。强烈推荐！

——《图书馆杂志》（*Library Journal*）

作者对她的研究富有热忱和感染力，为一个未来的热点话题提供了完美的阐述。

——马克·迪斯托（Mark Diston）

"登记"网站（The Register）

对振奋人心的新领域作出了令人欣喜的探索，也为寻找事业方向的生物学学生献上了一份大礼。

——《科克斯书评》（*Kirkus Reviews*）

Also by Nessa Carey

The Epigenetics Revolution

Junk DNA

内莎·凯里的其他作品

《遗传的革命》

《垃圾DNA》

For Abi Reynolds, of course.

I'll get the car.

依旧献给阿比·雷诺兹

我仍在路上

致 谢

十分庆幸，我继续得到了伟大的经纪人安德鲁·劳尼（Andrew Lownie）以及ICON出版社的鼎力支持。特别感谢邓肯·希斯（Duncan Heath）非凡的耐心。

当你试图解决那些充斥着矛盾的复杂问题时，朋友的鼓励会让你受益。在此，我非常感谢这样一群挚友：谢丽尔·苏顿（Cheryl Sutton）、朱莉娅·科克（Julia Cork）、朱利安·希契科克（Julian Hitchcock）、戈西亚·沃兹尼卡（Gosia Woznica）、埃伦·多诺万（Ellen Donovan）、凯瑟琳·温切斯特（Catherine Winchester）以及格雷厄姆·汉密尔顿（Graham Hamilton）。

感谢在我人生低谷能够理解我的那些朋友，他们让我远离怨天尤人。他们是芬·马努斯（Fen Magnus）、凯瑟琳·威廉森（Catherine Williamson）、里克·吉布斯（Rick Gibbs）、帕特·奥图尔（Pat O'Toole）、马克·谢莉（Mark Shayle）、约翰·弗劳尔迪（John Flowerday）、阿斯特丽德·斯马特（Astrid Smart）、乔安妮·温宁（Joanne Winning）以及克利夫·萨顿（Cliff Sutton）。还有更多在此不便提名的热心人使我在前进道路上顺利通行，再次表示感谢。

一直以来，婆婆莉萨·多兰（Lisa Doran）给了我充足的时间、空间，以支持我走得更远。对此，我心存感激。

最后，我还要感谢阿比·雷诺兹（Abi Reynolds），她理解我交稿前的窘迫并鼓励我坚持写完自己的作品。

目录

引　言

　　无性生殖行军蚁的渺小身材隐藏不了它的强大。它们是一种敦实矮小的生物，几百只一起生活在聚居地，矮小的个子包裹着突袭入侵的野心。它们恣意生长在地下，掠夺其他蚂蚁的巢穴并以其幼蚁为晚餐。

　　如果你的生活依赖于一支有效组建的突击队，你们行动一致，共同进退，一下午的时间就能抢夺资源并安全返回，那么你需要和队伍里的其他伙伴妥善沟通、交流信息。研究人员发现，在无性生殖行军蚁执行觅食任务时，它们会跟随其他蚁群成员留下的化学痕迹去执行任务。不过，它们是如何做到这些的呢？这个问题尚在研究中。蚂蚁只是相对简单的生物，其行为几乎都是出于本能。事实上，针对不同的特定情况，它们只能在有限的选择中做出特定反应。这些反应是本能的、无认知的——蚂蚁不会做出有意识的决定。受到刺激时，它们做出的一系列反应取决于它们的基因。对研究人员来说，准确地识别蚂蚁的特定反应源于哪些基因或基因组至关重要。如果你研究的是大众的研究对象——果蝇或老鼠——你可以在丰富的工具包中挑选适合的遗传工具和试剂盒，因为许多科学家将其列入了自己的计划项目。如果你研究的是鲜有人关注的小众的研究对象——无性生殖行军蚁——你也许需要独立研发自己的工具，这会消耗不少的时间。

　　2017年，纽约洛克菲勒大学（Rockefeller University）的科学家准确地进行了他们期望的实验研究。他们推测某个特定的基因对无性生殖行军蚁的交流至关重要。科学家通过干扰及阻止这个基因的工作来观察蚂蚁的行为以验证自己的猜想。实验后的小生物令人难过，它们无法再通过其他蚂蚁留下的足迹活动，它们四处游荡且没有规律。科学家将它们与其他蚁群成员放在一起，它们也没办法融入集体活动，因此变得孤独。它们仿佛是我们学生时代运动会上的拖后腿者，或是户外旅行时迷路的孩子。

即使最理性的人也会为这些孤独的节肢动物感到心碎，但这并不是该研究最让人震惊的地方。最让人震惊的是，这是科学家第一次进行有关修改蚂蚁基因的研究。6年前，让蚂蚁的某种基因失活几乎不可能，开展该项研究无异于痴人说梦。无性生殖行军蚁的研究揭开了蓝色星球上有机生物体基因结构的神秘面纱。短短几个月，这项突破给生物学家提供了耗尽半生职业生涯也未能解决的难题的新方法。新方法有助于解决各种问题，如农业、医疗等。这个始于好奇心且野心勃勃的故事也许会改变我们的生活。我们走进基因编辑的时代，生物学的游戏即将翻开新的篇章。

1 溯源

智人，"智者"
(Homo sapiens，"Wise man")

1758年，卡尔·林奈（Carl Linnaeus）第一次将我们纳入他的生物分类体系中，他将人类命名为"智人"。暂不考虑以男性命名（"Homo sapiens，'Wise man'"中有单词"man"）我们的物种会带来的性别歧视，这样描述人类是恰当的吗？《剑桥国际英语词典》对"智慧"的定义：运用知识的能力、正确抉择和判断的经验。看看我们创造的世界，看看我们正在摧毁的世界，也许我们会陷入沉思。作为一个物种，考虑我们巨大的人口基数，人类毫无疑问取得了成功。但站在其他物种的角度，我们也许是"害虫"。鉴于此，也许我们应该为自己重新命名。但是，该起个什么名字呢？

也许，在对各地拉丁学者心怀歉意的同时，我们可以选择类似"黑客"这样的词。人类是破译者。纵观历史，我们一直以这样的方式行事。例如，看看这个洞穴，配上几只野牛会不会更美；看看这个燧石，我可以将其打磨出锋利的棱角切割野牛以作晚餐。最初，我们开发计算机是为了破译密码并取得第二次世界大战的胜利；60年后，我们用它向陌生人展示宜家毕利书柜上天马行空的商品。我们会破译、修正、设计、改变万物——因为我们能创造。尽管我们是人类，但我们无法自救。

相比其他途径，研究食物的进化趋势对我们剖析世界有着更重大的意义。目前的证据表明，农业起源于约 12 000 年前的新月沃地（the Fertile Crescent）。不同基因背景的多组人群似乎一直耕种于此，包括今天的巴勒斯坦、伊拉克、约旦、以色列、伊朗西部、土耳其东南部以及叙利亚等地区。从游牧狩猎转变为农业聚居是个循序渐进的过程，这取决于人类对适应能力的修正。人们开始挑选较大的谷物、多产的豆类，进行选择育种。作物在多个生长季节里循环往复地不断进化，变得越来越高产且富有营养，这种进步为我们提供了今天人们赖以生存的食物。

早期的农民不仅促成了农业的繁荣，他们还根据需求选择性地饲养了一些有益的牲畜，如犬、牛、绵羊、山羊、马等。

农业生产提供了食物保障，这对人类实现定居生活意义非凡。随着定居点的规模扩大和复杂性逐渐增加，统治者试图监管并控制体系及人口，社会开始出现等级制度并逐渐固化，文字与书写得到多次发展。生产能力以及粮食储备能力的提升促进了社会的发展，个人专长得以充分发挥，手工艺术品的创作迎来了春天。

值得思考的是，几乎所有的人类活动——不论辉煌、灾难，抑或两者之间——都因我们学会了如何破译其他物种的遗传物质而建立。通过挑选我们认为有价值及感兴趣的特征个体，我们改变了生物的进化路径。我们破译遗传物质，让它们屈服于我们的意愿，不可逆地改变了剩下来的基因，从水稻到公鸡，从高粱到暹罗猫。

然而，从早期的农户到曾启发过达尔文的神奇信鸽的养殖户，无人意识到他们的行为让其他生物的基因传递发生了偏差。农户或养殖户会选择体格特征更优越的个体进行繁殖，这些特征是他们能够看到、听到、闻到、尝到或通过其他方式感受到的。他们希望备受关注的特征性个体能成为"纯种"，这些特征能在后代中表现，甚至表现得更好。不过，他们并不清楚这些特征的遗传过程。

任职于圣托马斯修道院（现位于捷克共和国布尔诺）的格雷戈尔·孟德尔（Gregor Mendel）修士第一次提出了具有数据基础的遗传定律。孟德尔系统性地进行了豌豆杂交实验，统计豌豆后代的性状表达，如豌豆表皮的圆润或者皱缩等性状。他认为，这些特征按一定比例遗传。为了更好地解释自己的理论，他引入了能控制外部特征的假设因素——遗传因子，提出了遗传假说。

1866年，孟德尔发表了自己的著作，遗憾的是当时的人并未意识到该著作的重要意义。直到1900年，孟德尔的研究成果被重新发现，他的结论才开始受到关注。1909年，丹麦植物学家威廉·约翰森（Wilhelm Johannsen）首次用"基因"这个词来命名这些假设的基本遗传单位。约翰森未能推测出基因的组成结构。不过，1944年，纽约的加拿大裔科学家奥斯瓦尔德·埃弗里（Oswald Avery）成功地解决了该问题。他提出了孟德尔的遗传因子是由DNA构成的观点，后续的遗传学研究都以埃弗里的发现为基石逐步铺开。令人遗憾的是，埃弗里却没有因此获得诺贝尔奖。

自那以后，遗传学研究的步伐大大加快。埃弗里的论文发表后不到10年，傲慢的英国科学家弗朗西斯·克里克（Francis Crick）以及比他更傲慢的美国同事詹姆斯·沃森（James Watson）宣布他们解开了DNA的结构之谜。他们提出的DNA双螺旋结构在很大程度上受益于罗莎琳德·富兰克林（Rosalind Franklin）的研究数据。她曾在伦敦国王学院（King's College London）工作于一个由莫里斯·威尔金斯（Maurice Wilkins）领导的部门。很快，DNA双螺旋结构的发现给团队带来了诺贝尔生理学或医学奖。1962年，诺贝尔奖颁发给了他们三人——克里克、沃森、威尔金斯。早在1958年，年仅37岁的罗莎琳德·富兰克林因卵巢癌而早逝（诺贝尔奖从未授予逝者）。

基因修改 基因壁垒的首次突破

1973年，即著名的沃森-克里克DNA结构发表的20年后，两名由小镇男孩成长起来的科学家合作开展了一系列举世瞩目的实验。斯坦利·

科恩（Stanley Cohen）出生于新泽西州的珀斯安博伊（Perth Amboy），父亲培养并激发了他的学习兴趣。一年后，赫伯特·博耶（Herbert Boyer）出生于宾夕法尼亚州的德里镇的一个对科学几乎没有认知的普通家庭。两个小镇男孩被基因研究缤纷世界深深吸引。20世纪70年代，他们分别就职于加州著名的研究所——斯坦福大学（科恩）、加州大学旧金山分校（博耶）。

他们联合开发了将遗传物质从一个有机生物体转移到另一个有机生物体的方法，这是令人惊奇的成就。他们可以自主选择遗传物质，并使其在新宿主的体内仍然发挥作用。实验初期，他们将葡萄球菌的DNA转移到大肠杆菌后发现其仍然具有复制能力。而后，他们取得了更大的突破。他们成功地将青蛙的DNA插入到细菌细胞，并证明了这些DNA能在细菌中继续发挥作用。这项技术就是著名的重组DNA技术。

科恩和博耶的工作打破了壁垒，解除了个体乃至物种间的隔阂，为科学研究打开了新局面。1973年之后，有关有机体的既定遗传物质的修改盛行于各地的实验室，科学家们尝试对生物最根本的基础物质——DNA——进行剪接。自此，基因工程的时代正式开启。

那些试图改变游戏规则的先驱者的宿命往往令人唏嘘，他们的成就在有生之年通常不被认可。他们不受赏识、穷困潦倒，身无分文地离开人世。文森特·梵高（Vincent van Gogh）是这方面的典型人物，还有很多与他命运相似的人，如莫扎特（Mozart）、埃德加·爱伦·坡（Edgar Allan Poe）。科学界也不能排除这样的现象，如我们知道的孟德尔和富兰克林。

科恩和博耶并未面临这样的窘境，名声与财富紧随着他们。尽管他们并未斩获诺贝尔奖，但却包揽了几乎所有的其他重大科学奖项。投资者为科恩和博耶的重组DNA技术申请专利以保护他们的知识产权。这一决定为加州大学旧金山分校和斯坦福大学赚取了数亿美元的收益，发明者通常能分享收益的一部分。接着，赫伯特·博耶创立了基因泰克公司（Genentech）。它是全球第一家生物技术公司，它在基因工程领域取得了空前的成功并研发出了治病救人的药物。

生物学家迅速进入了这个惊人的"新工具盒"。相关的基础技术得到了迅猛发展，呈现出高效、便捷、廉价的特点。之后的50年，这些技术为创造震惊世人的新突破提供了帮助——从人类罕见疾病的基因治疗到营养强化米，新技术每年能挽救数十万人的生命。尽管科学家努力扩大这些工具解决问题的广度，但它们在本质上并未出现新的变革。这些技术在本质上与科恩和博耶的重组DNA技术相似，仿佛是重回那个喇叭裤、厚底鞋的年代。

2012年，一项新技术横空出世，它改变了我们操控DNA的方式。自此，一切都发生了变化。这项新技术价格便宜、使用方便、操作简单，被认为也许能突破科恩和博耶的贡献。想知道其中的神奇，我们需要更深入地了解DNA。

基因 修改 DNA的101节课

DNA是脱氧核糖核酸的英文缩写，是绝大多数生物体的遗传物质。这个名称颇为拗口，我们可以借用文字的构成方式去理解它。文字由字母表上的字母构成。对DNA而言，它的"字母表"仅包含4个"字母"——A（腺嘌呤）、C（胞嘧啶）、G（鸟嘌呤）、T（胸腺嘧啶）。严格地说，它们代表碱基，用"字母"表达更简洁。

构成复杂生命体的基础"字母表"很简单，简单到有些不可思议。但如果你有足够数量的"字母"，可以做很多事情。夫妻通过性行为创造生命，夫妻双方将分别贡献30亿个"字母"，它们按特定的顺序排列组合。夫妻分别贡献的30亿个碱基的排序在大多数情况下是相同的，只在少数情况下有不同——大约出现在间隔300个碱基的位点。例如，在同一个位点，母亲的碱基是T（胸腺嘧啶），父亲的碱基是G（鸟嘌呤）。这意味着，在数学上，你的DNA序列中可能有0.3亿个位点不同于别人。

这是人类有较大个体差异的原因之一——每个人都有不同的DNA脚本，因为我们会继承这0.3亿个潜在变异的不同碱基。这也是有血缘关系的家族成员更具有相似性的原因之一——因为有共同的先祖，得到相似遗传变异的概率更高。因此，你更像自己的母亲，而不像配偶的母亲。

同理，作为人类，我们彼此的基因脚本的相似性远大于我们与其他物种。因为人类DNA中的碱基序列与其他物种的碱基序列有较大的差异，且这种差异会随时间的推移变得越来越大。追本溯源，我们尝试在进化史上寻找人类的共同祖先。比较人类和黑猩猩的DNA碱基序列，其相似性可达98.8%；比较人类和香蕉的DNA碱基序列，其相似性小于50%。这并不意味着我们是半个香蕉，事实上，函数的计算复杂且存在误差。

科恩和博耶的突破为科学家研究并使用生物的遗传物质提供了帮助。今天，你可以直接利用DNA解决问题，而不是通过观察具有某特征和不具有某特征的个体交配后的结果来推断。

你可以从遗传物质的层面去验证假设。如果你知道某种细菌DNA中的特定区域可使该细菌对抗生素产生耐药性，你可以用科恩和博耶的方法进行快速验证——首先从某种耐药菌中提取出相关的DNA区域，然后将其植入对药物敏感的普通细菌中。如果这个重组基因细菌具备了同等的耐药性，则能验证猜想。

如果我们以"字母表"的形式阅读DNA，可以将生物体中的所有"字母"的完整序列视为"生命之书"。人们通常称这个完整序列为基因组。基因——编码孟德尔的遗传因子的DNA序列（具有遗传效应的DNA序列）——可以被认为是书中的一个段落。

通常，这些基因编码蛋白质。蛋白质是在生物体的细胞及身体内进行各种生理活动的分子。红细胞中携带氧气的血红蛋白，餐后控制并吸收血液内葡萄糖的胰岛素，在我们眼睛里能够感应光信号的视紫红质，它们都是机体内蛋白质参与生理活动的例子。

除了少数前卫的作家，多数作家在创作时会选择逐段书写。有时，他们会在一个段落写完后感到不妥，希望将其插入书里的其他地方。改变段落位置对于像玛丽·雪莱（Mary Shelley）这样的早期作家一定非常棘手，但对于像斯蒂芬·金（Stephen King）这样的现代作家来说则很简单，动动手指剪切粘贴即可。这就是科恩和博耶的创新性工作——剪切及粘贴基因组。

一般情况下，作者会在一个文档、一本书中进行剪切粘贴操作。但他们将某段落粘贴到完全不同的另一本书中也完全可行。科学家在第一代基因工程中就实践过类似操作，他们成功地将基因"段落"从一种生命形式转移到另一种生命形式——将水母的特定DNA片段粘贴到老鼠的基因组并最终创造出能在紫外线照射下发出明亮绿色光芒的老鼠。海量相关应用的开发为基础研究和实际生活带来了影响，如改良作物的生长速度、疾病治疗的新方法。然而，一种根本性的阻碍横亘在这些进程中，限制了技术的革命性推进。在细菌上进行的基因工程相对容易——细菌的基因组很小，新基因的接纳相对容易，你可以在较短的时间（几天）生成重组基因细菌。在哺乳动物中进行类似的实验相对复杂，即便是在初始阶段也很困难。如果你想在活体动物上开展类似研究——如活体老鼠，而非实验室的老鼠细胞——你需要将重组DNA注入老鼠的受精卵，再将受精卵植入雌鼠子宫并祈祷脆弱的胚胎可以茁壮成长。稍有不慎，几个月的努力将付诸东流，你将被自己的对手赶超，后期的科研资助遭遇阻力。

作者可以根据稿件的需要安排文字段落的剪切粘贴位置，随机操作很难创造佳作。科学家用早期的基因工程技术移动基因，很难控制它们的准确插入位置，这是一个棘手的问题。在生物体内，在很大程度上，基因的表达受限于它们在基因组中的位置。基因放在错误的位置，如同将芭蕾舞演员置于混凝土中，给蹦床加上封盖。虽然错误放置基因偶尔也有意外之喜，但对我们研究基因的正常表达并无助益。

2001年，科学家终于成功获取了人类全基因组序列——30亿个碱基对的完整遗传信息。它不像一本书，像摆满了2米高的书柜的所有书的集合，它非常有用。人类并非"生命之书"记录中的唯一物种，研究人员已完成了超过180个其他物种的基因测序工作，且该数字还在不断增加。

科学家的好奇心和野心不断膨胀。随着新技术的引入，研究人员在实验中解决问题的能力不断提高。

博耶和科恩方法的局限性越来越令人沮丧。科学家的好奇天性刺激他们不断探索，希望找到更巧妙、更科学的突破。遗憾的是，40多年的努力仍未从根本上破除科恩和博耶重组DNA技术的局限性。

一个完整基因（一个段落）的功能很重要，但一个"字母"的作用也很重要。仍以文字举例，一字之差会给名片带来什么区别，"室内设计师（interior designer）"和"低级设计师（inferior designer）"，即将"t"变为"f"。当然，名片很小，能传递的信息有限。再看DNA，拥有30亿个"字母"的"生命之书"里的每个"字母"都是同等重要的吗？答案是肯定的——某男孩的特定基因上的"字母"发生改变，即便单个字母的改变也会带来灾难性的疾病，如痛风、脑瘫、精神发育迟滞、先天性唇裂及手指缺损。事实上，还有成百上千的其他先天性疾病由这样的单个"字母"错误引起。

如果我们仅依靠原始技术去修改复杂基因组的单个"字母"，困难大、耗时多、经费高。对整本"生命之书"中不同位点的"字母"修改则更为艰难。不过，在探寻人类基因组里的海量"字母"是怎样结合并影响我们的生活时，这一点又至关重要。

因此，2012年发起的新技术具有重要意义。在很大程度上，科学家突破了由之前技术方法的局限性带来的障碍。在令人兴奋的新技术的支持下，任何实验室都能用低廉的成本、高速和简便的方法处理问题，实验精度以及成功率大大提高。接下来，欢迎来到这个奇妙且令人担忧的基因编辑的世界。

2 创建破译生命密码的工具箱

　　一个物种有能力修改另一物种的基因组，这是地球历史上的首次。有了基因编辑技术，只需要中等配置的实验室以及具有相对科研能力的研究员就能实现。改变自然选择的原始材料逐渐变得商业化。每周都有新突破，使基因编辑的流程更快速、精确、灵活、实用。这些突破由原始技术的增强改进而来。值得思考的是——谁发明了这种奇妙的新方法？他们是如何实现的？

基因 修改 科学的进步的驱动

　　有时，科学的进步会呈直线式前进。首先是提出需求，科学家再根据需求加速寻找最佳的解决办法。比如，为了回应肯尼迪总统的美国太空计划的雄心壮志，美国航空航天局（NASA）研发出突破性技术将宇航员成功送上月球并使其安全返回。比如，为了将医学梦想转变为临床现实，格特鲁德·埃利恩（Gertrude Elion）及她的同事发明了硫唑嘌呤——第一种能真正抑制器官移植排异反应的药物。

　　不过，这并非科学的标准发展路径，直线式进步通常发生于技术创新的晚期。由于基础学科足够先进，所以那些预设的野心勃勃的目标得以顺利实现（绝无贬低前文提到的那些取得惊人成果的工作之意）。政治意愿固然重要，但并非跨越技术鸿沟的唯一因素。维多利亚女王提出在位于英国诺福克郡（Norfolk）的乡村庄园附近修建火车站的愿望，人们很快就架设了一条支线铁路并修建了火车站。但如果女王提出她希望最无畏的勇士飞向月球的愿望，目标无法达成——当时的技术不足以支撑此目标的实现。1971年，尼克松总统宣布"向癌症宣战"后，全球每年仍有超过800万人死于癌症。当时，我们对不同种类的癌症知之甚少，无法将这个目标变为现实。

实际上，大多数伟大的科学技术的发展都源于好奇心的驱使。1978年，世界上第一个试管/体外受精（IVF）婴儿路易斯·布朗（Louise Brown）出生。截至2012年，约有500万名婴儿的出生在不同程度上接受了这种临床干预。这得益于21世纪初期兴起的发育生物学研究，仅10余年时间。科学家致力于不孕不育相关基础研究是为了帮助没有孩子的女性实现当母亲的愿望，也是出于对生物学的好奇心。只有当发育生物学领域的研究足够先进时，体外受精才有成功的可能。

基因编辑也是如此。由于基因编辑有能改变游戏规则的能力且有利于大量其他技术的研究，一些人刻板地认为，有效破解基因组是基因编辑得以推进的驱动力。但事实并非如此。实际上，这个领域的研究始于一名西班牙科学家的好奇心——他在研究细菌时发现了一些奇怪的DNA序列。

基因修改 细菌与病毒的战争

有影响力的科幻小说家和科普作家艾萨克·阿西莫夫（Isaac Asimov）曾说，"在科学研究中最激动人心的不是'我发现了'，而是'这非常有趣……'。"基因编辑领域的兴起要归功于西班牙阿利坎特大学（University of Alicante）的博士生弗朗西斯科·莫伊卡（Francisco Mojica），那年他28岁。当时，莫伊卡正对一种特殊细菌进行基因组测序。在分析结果时，他发现了一些不寻常的基因序列。他并未为此沾沾自喜，也不认为这些发现琐碎无聊；相反，他认为"这非常有趣"，进而开展了更深入的研究。

之后，莫伊卡被授予了博士学位并成立了自己的研究团队。尽管鲜于得到科学同辈的关注，也没有得到基金支持，但他并未自暴自弃——放弃自己发现的有趣的基因序列。他对不同种类的细菌进行反复测序，7年后（千禧年）终于有了新发现——他在20多个不同物种中找到了这种奇怪基因序列的等价物。

这些不寻常的基因序列为何引起了莫伊卡的好奇，它们有何特殊？莫伊卡发现了一个奇怪的结构——大约由30个碱基组成的相同序列片段多次重复，它们被一个由36个碱基组成的其他序列片段分隔。36个碱基组成的序列片段各不相同，莫伊卡称其为"间隔区"，如图1所示。这一结构被称为CRISPR（成簇的规律间隔的短回文重复序列）。

在缺乏资金支持的情况下，莫伊卡的研究受到了严重限制。那些重复序列在既往文献中找不到相关记载，难以找到研究它们的有效方法。很快，莫伊卡将注意力转向了那些重复序列之间的片段——36个不同碱基组成的间隔区。他一次又一次地将这些间隔区序列输入计算机数据库，寻找其与已知DNA序列的相似性（数据库记录了科学家对不同生物的基因或基因组的测序结果）。最初，他找不到任何可匹配的序列。随着各地的科学家将越来越多的DNA序列上传至数据库，在2003年的某天，莫伊卡终于成功了。

图1　弗朗西斯科·莫伊卡在细菌中发现的奇怪的重复区域的结构，即CRISPR。实心三角形代表由30个碱基组成的相同序列，另外的模块代表由36个碱基组成的不同序列（间隔区）。莫伊卡意识到这些间隔区能提供病毒感染的记忆功能以及阻止相同病毒再次入侵的防御功能。

莫伊卡发现数据库里的一组新序列与自己实验的大肠杆菌菌株的间隔区序列具有相似性，新序列来自于一种能够感染细菌的病毒。这种匹配非常有趣，更重要的是，携带这种间隔区的大肠杆菌具备对这种病毒的抵抗力。

新发现让莫伊卡重拾信心，他再次将测序过的每一个间隔区的序列重新加入数据库进行检索匹配——共计4 500个。其中，88个序列在数据库中找到了匹配项，65%的匹配项来自于该病毒，该病毒曾感染过间隔区里的细菌。也就是说，这些间隔区序列能够储存既往感染病毒的基因信息。

回顾关于细菌菌株和病毒的相关知识，莫伊卡得出了一个结论——细菌中特殊间隔区的存在与阻止病毒入侵的抵抗力存在相关性，因为细菌和病毒包含了相同的间隔区序列。他进而推测，在某种程度上，这些间隔区是免疫反应的一部分，这种免疫反应为细菌提供保护以对抗入侵者。

莫伊卡在接下来的18个月里努力发表论文。对科学家而言，在知名期刊上发表论文是一件重要的事。它有助于提升形象、显示成就、提高获得研发经费资助的概率。更多人拜读你的文章，有助于相关科学研究的快速推进。不过，莫伊卡遭到了知名期刊的退稿。最终，2005年，由于担心别人也发现了这种相关性且抢先出版，他无奈地选择了在一本不知名的期刊上发表自己的文章。

这也许是个明智的决定，的确还有一些研究人员对这些奇怪序列产生了兴趣。与莫伊卡相似，他们并非因创建基因编辑技术而发现这些序列，而是在研究细菌生化武器的演变以及酸奶商业生产方法的改善时偶然发现。他们也推测这些重复序列以某种方式保护细菌免受病毒感染。这些在细菌基因组里的相同区域里的重复序列的功能渐渐浮出水面，它们是相关蛋白质的编码基因，尽管这些蛋白质最初的作用并不为人所知。

2007年，一篇论文发表在世界领先的权威期刊《科学》上，学界如梦初醒般意识到了这些奇怪序列的重要性。文章证实了这些重复的序列确实能保护细菌、抵抗病毒，且需要附近基因编码具备活性的蛋白质才能实现。本质上，如果一个细菌在病毒的攻击下幸存下来，它会复制病毒的部分基因并将其插入自己的基因组——重复序列中的36个碱基组成的间隔区即病毒的部分基因。这样的结构使细菌能抵抗该病毒随后的攻击。

自此，科学研究的脚步逐渐加快。科学家证明在病毒感染期间，细菌针对该特定病毒复制了与其相关的重复序列。这些拷贝的重复序列能与病毒基因组中的适配区域相结合。一旦发生这种情况，细菌DNA中某个蛋白质编码基因将表达出蛋白质攻击病毒DNA并摧毁它，达到阻止病毒继续感染的目的，蛋白质编码基因就位于重复序列附近。

直到这时，情况发生了变化，科学实验由对细菌以及对细菌如何自我防护感兴趣的研究人员主导。2008年，已有一些科学家开始思考其中更深远的意义。细菌实验数据表明，前文提及的重复序列是免疫反应的必要条件。科学家开始尝试利用新的间隔区取代天然间隔区——只要新的间隔区能在病毒基因组里找到合适的匹配位点，免疫系统就能破坏病毒DNA。换而言之，间隔区也许是可互换的盒式"录音带"，科学家将不同的"录音带"放到适配的"播放器"里。理论上，科学家可以用该技术破坏任何匹配的DNA序列。

由于这个新颖的自然免疫防御机制吸引了越来越多的科学家的关注，研究细菌免疫系统的实验室的数量也稳步攀升。随着对细菌免疫系统（CRISPR系统）的相关研究逐渐推进，免疫系统正常运行所需的重复序列以及蛋白质逐渐被定义。

2012年6月28日，一篇在"科学网"上发表的论文引起了轰动。这篇论文整合了埃玛纽埃勒·沙尔庞捷（Emmanuelle Charpentier）及珍妮弗·道德纳（Jennifer Doudna）的实验研究成果，尤其是借鉴了沙尔庞捷的早期研究结论。沙尔庞捷曾在细菌研究中发现了另外一个对适应性免疫反应起关键作用的DNA序列。女科学家沙尔庞捷和道德纳的研究有三个显著的成果。第一，她们简化了基因编辑技术的CRISPR系统。沙尔庞捷及道德纳创造了一个包括两个基因组区域的复合体（在自然生存环境中，微生物至少需要拷贝两种不同基因组区域以靶定病毒DNA）。第二，她们证明了破坏"敌人"DNA的结构需要目标DNA附近有一种蛋白质（译注：Cas蛋白，相关内切酶）。第三，她们让CRISPR系统在试管溶液里工作，而不是在细菌里。

试管实验使CRISPR系统的研究变得简单，沙尔庞捷及道德纳使相关技术的研究不再局限于细菌的世界，这是一项巨大进步。两位女科学家一致认为，她们的研究成果对后续科研有重要意义。她们在论文摘要里强调"开发CRISPR系统对基因编辑技术意义非凡"。不过，想要将其运用于实际，该系统需要在细胞内工作。

7个月后，张锋的实验室似乎找到了答案。他们发表了一篇论文证明了这个新方法的确能作用于细胞。自此，人类拿到了破译生命密码的钥匙。

基因 修改 基因编辑技术的操作原理

基因编辑技术使科学家能以超凡的速度、精度破解地球上任何有机体的基因组。该技术的原理非常简单。在初始版本中，该技术沿用了沙尔庞捷及道德纳设定的材料和规程，本质上仅依赖于两个外来元件。

向导分子是外来元件之一。它由一种被称为RNA（核糖核酸）的分子构成，RNA和DNA具有相关性。与DNA一样，RNA也由4种碱基构成；与DNA不一样，RNA为单链，DNA为双链。DNA是标志性的双螺旋结构，由2条DNA链互补配对而成；RNA是单链结构，这也是它在基因编辑技术中具备活性的重要因素。

我们可以将DNA想象为巨大的拉链，将每一个碱基想象为拉链上的链齿。在基因编辑中，向导RNA试图强行插入链齿并沿着巨大的拉链滑动。在大多数情况下，该动作不能实现；如果向导RNA找到了一个与自身序列相同的DNA序列，它将像拉链的拉头那样将DNA的双螺旋结构打开（译注：解旋）。利用我们现有的基因知识去创造一个能与DNA序列结合的向导分子并不困难，如致病的基因突变。向导分子能定位在我们希望的位置，完成基因编辑的靶向阶段。

蛋白质是外来元件之二。它——像一把分子剪刀——能剪断DNA的双螺旋结构。它不会乱剪，不会在基因组上随意挥舞。实际上，它只会在向导分子插入DNA的地方进行切割，因为向导分子也包含了能够被"剪刀蛋白质"识别的序列。只有当"剪刀蛋白质"与向导RNA结合并插入DNA后，才会剪断DNA，如图2所示（译注："剪刀蛋白质"即Cas蛋白）。

毫无疑问，这样的切割会给DNA带来破坏，但所有的细胞都有快速修复DNA的机制。事实上，在修复过程中，修复速度的优先级高于修复精度（准确性），修复过程是粗糙的。DNA修复后的碱基序列与原始序列并不完全一致，通常会有一些功能被丢失。

这就是基因编辑技术的第一次迭代。（这项技术被称为CRISPR-Cas9，它是大多数基因编辑技术的基础。我们将"基因编辑"作为所有使用这种技术或其变体的通用短语，特殊说明除外。）我们可以用前面提到的名片分析法去类比理解这项技术，第一次迭代相当于把名片中的"室内设计师（interior designer）"错误地印刷为"低级设计师（inferior designer）"。第二次迭代，一些碱基会被插入不恰当的序列区域或是被直接删除，"低级"（inferior）可能被修改为"inferantior"或"inior"，这显然是愚蠢的。如果你犯了这样的错误，看到这张名片的客户大概率会拒绝与你合作——专业能力遭到质疑。

图2 基因编辑的基本原理。向导分子（单链）和DNA剪切酶是关键部分。向导分子为化学合成物，其碱基序列可与研究人员希望替换的基因相匹配。向导分子和DNA剪切酶进入细胞核，剪切酶切断靠近向导分子欲插入的DNA，细胞的正常修复机制会重新连接切割末端并留下与向导分子匹配的片段。如此，DNA的碱基序列出现了改变，所有类型的基因编辑技术皆依赖于这个原理——即便人们在此基础上作了许多改进，使编辑变得越来越精准，如仅用一个碱基在DNA序列里作替换。

这项技术在印刷领域并无益处，但在生物遗传学领域却效果显著——它能阻止基因的表达；它能让科学家验证基因在细胞或生物体内的作用的假设。如果突变的基因编码了危险蛋白质，它也许能为治疗提供奇效。

当然，前提是你能将向导RNA和"剪刀蛋白质"导入你希望改变的细胞。这并不困难，至少在实验室阶段是这样的。通常，人们选择一种简单的病毒以实现该目标，这种病毒易于进入细胞且不会对宿主产生实质性伤害。科学家将这两个关键组分装载到病毒上，然后用病毒去感染目标细胞。一旦进入细胞，病毒就会释放它的载荷，基因编辑程序由此启动。

这项技术能带来不胜枚举的益处。其中之一：一旦基因组经编辑发生了改变，改变将永远存在，基因编辑给DNA带来了永久的改变。

在停止分裂的细胞中，这种基因组的改变会和细胞终身相伴，如神经元细胞或心肌细胞；在连续分裂的细胞中，遗传物质不断被复制，这种改变仍然会在所有的后代细胞中传递。持续永恒，这是一鸣惊人的奇迹。

　　早期的基因编辑技术使科学家在基因灭活方面取得了较快的推进。此后，有关基因编辑的实验室快速遍布全球。他们改进并拓展了该技术的基础工具包。基因的修改趋于完美，甚至能精确修改基因组内30亿个碱基对中的1个碱基。类比名片分析法，我们可以将"低级设计师"（inferior designer）精确修改为"室内设计师"（interior designer）。

　　改变继承自母亲的基因，不改变继承自父亲的基因，基因编辑技术可以实现。一些长远的展望——不想灭活某个基因或者改变其序列，只改变其表达水平——即将变为现实。

　　沙尔庞捷及道德纳于2012年将基因编辑技术从细菌的世界拓展至更广阔的领域，修改"生命之书"的科学家和实验室呈指数级增长。现在，让我们走进他们的世界，看看他们一直坚持的工作。

3 哺育世界

世界人口在1800年前后达到了10亿，1900年达到了17亿，1987年达到了50亿。今天，该数值已接近76亿，且还在持续上升。据联合国预测，除非陨石撞击地球，世界人口将在2023年超过80亿（译注：本书英文版出版于2019年，这一数值为当时的预测）。

如果有人问，"不断上升的人口数量是个麻烦的问题吗？"多数人会回答，"是"。的确，对于地球而言，我们是"害虫般"的物种——我们破坏环境，致使大量与我们共存于地球的其他脆弱物种灭绝。如果向一些发达国家的公民发问，"人口问题如何解决？"，通常会得到一致的回答，"人们不能再生那么多孩子了"。

这个回答存在两个问题。其一，这里的"人们"通常指向其他人，尤其是欠发达国家的人，这非常荒谬。事实上，发达国家的人对环境的影响（破坏）远高于欠发达国家。比如，一个典型的美国人的碳足迹是一个孟加拉人的40倍。（译注：碳足迹指人类活动产生的温室气体的总量。）其二，他们忽视了一个关键事实——人口数量增长的核心是死亡率下降，而不是出生人口过多。

试想：如果一个星球初始只有一对25岁的夫妇，他们孕育了2个孩子。"2"是个合理的数字，子代可以在父母去世后完美增补。25年后，初代夫妇50岁，他们成了祖父母，因为其孩子分别结婚成为了二代夫妇并孕育了自己的后代。与初代夫妇一样，二代夫妇也具有责任感，他们分别生育了2个孩子。以此类推，25年后，初代夫妇75岁，他们成了曾祖父母，有2个子代、4个孙子、8个曾孙。现在，这个最初只有2人的星球有16人了。

实际上，全球的出生率正在下降，且已持续了一段较长的时间。1950年，全球平均出生率约为每年37.2‰，即每1 000人中有37.2人为新生。今天，全球平均出生率约为每年18.5‰。同期，死亡率也呈现出相近的变化趋势，从1950年的18.1‰下降至2017年的8.33‰。

基于当下的死亡率，英国男性的预期寿命已升至79.2岁，女性升至82.9岁。而在1950年，英国男性和女性的预期寿命分别是66.4岁和71.5岁。

显然，同年的死亡率远低于出生率。数学上，死亡率低于出生率，世界人口就会持续增长。出生率下降会致使全球人口增长率下降，但出生率高于死亡率的现状决定了全球人口继续攀升的结果。随着资源竞争的加剧，人口不断增长的后果是可怕的。人们开始重视养育问题，关注如何在不破坏生态系统的前提下解决该问题。

尽管一些人常说，我们不能生产出足够多的食物以满足全世界人们的需要，但事实并非如此。考虑不健康的西方饮食习惯，我们的确不能生产出足够多的食物以满足每个人。这种不良饮食习惯随着社会日益富裕正逐渐成为常态——工业化国家每年人均肉类消费约88千克，欠发达国家约25千克。

如果我们想生产一定数量的人类食物，必须尊重生态环保的科学规律。饲养牲畜对作物生产有较大影响。极端情况下的集成化饲养系统，每产出1千克牛肉需要消耗7千克谷物。

因此，西方饮食习惯下的肉类消耗不宜提倡，西方普遍过度的消费水平也不宜获得支持。64%的英国成年人超重、肥胖、病态肥胖。在美国，这一数字甚至高达70.2%。因此，可以预见，全球死亡率会上升，预期寿命会下降，人口增速逐渐放缓。不过，地球上的人口总数仍然会持续增长。

我们通常无法在最需要的地方生产并分配食物，主要有物流方面的因素，也有食物浪费的因素。在基础设施不完善的国家，食物在被运送至目的地之前出现变质腐败的概率相对较高。在工业化国家,大量营养丰富的食物因审美原因遭到商业食品供应链的拒绝;不仅如此,还有一些量大的食物遭到商店或超额购买的顾客的丢弃,全球约有三分之一的人类食物遭到浪费。

如果我们希望养活地球大家庭的所有人,我们需要解决一系列各种各样的重大问题。我们需要减少肉类消费,避免胡吃海喝,避免食物浪费,对生产出的食物进行合理分配。这需要人类行为的改变,工业化国家里大多数居民的致肥环境需要改变,对待廉价、一次性商品的态度需要重新调整。不幸的是,通常,我们很难因长远利益而做出长期的决策以改变人类行为。科学无法对此作出解释,但科学也许能更好地帮助生产,产出更丰富的食物。这就是基因编辑的用武之地。

基修
因改 加速繁殖

植物的一些特性给基因工程带来了较大的挑战。比如植物细胞被厚厚的细胞壁包裹,这为新的遗传物质进入细胞核带来了阻力。又比如,一些植物物种有较复杂的基因组——小麦、土豆和香蕉——这为具体操作带来了麻烦。几乎所有哺乳动物体细胞都是二倍体,基因组只包含两套遗传物质(分别由双亲提供)。植物则不同,在不同的进化阶段,一些植物会复制上一代的全部基因组信息。小麦的基因组包含了多套遗传物质,改变小麦中的一种基因,需要同时修改与其对应的全部遗传物质。显然,植物细胞比哺乳动物细胞更麻烦。

当然,植物也有一些可利用的特性,这些特性带来的好处可抵消它们在基因编辑中出现的麻烦。比如,你编辑了一条老鼠腿的基因,从那条老鼠腿上创造出一只完整编辑过的老鼠绝无可能;植物则不同,如试图根除羊角芹和菟丝子的园丁的抱怨:“即便只有一点残根,多数植物都能由此生长出完整的植株。”因此,只要你能成功编辑植物的基因,繁殖出大量的相同植物将变得轻松。

植物学家很快意识到基因编辑这项新技术会带来一场种植革命——种植效率、新植物开发将得到跃进。第一批经基因编辑后的植株在沙尔庞捷及道德纳的论文发表1年后问世。此后，科研人员不断改进技术，全面地将其拓展至各个领域。

几千年来，传统育种技术的经验告诉我们，选择相宜的性状，简单地通过异花授粉的方式培植新植物品种存在许多问题。事实上，这个过程的效率不高，这也是我们为何要费尽心思对植物进行基因编辑的原因。植物的生长速度不理想是传统育种技术的问题之一，柑橘类成熟缓慢且繁殖率不高的植物的后代具备期望的性状耗时颇长。今天，利用现代基因编辑技术，该过程将得到较大程度的优化。

物种出现自然变异的概率较低——只会带来较少的变化——是传统育种技术的问题之二。20世纪70年代，英国的乡村出现了一些不可逆的变化，几乎所有的榆树都遭到了甲虫携带的真菌的破坏。2004年，研究人员利用DNA测序技术发现，几乎所有英国榆树的基因都惊人地相似。这些英国榆树是2 000年前入侵的罗马原始树种的复制体。缺乏基因变异意味着它们无法抵抗真菌的入侵，这意味着通过杂交培育新品种的希望很小。

精确性不足是传统育种技术的问题之三，典型例子是艾尔桑塔草莓。这种草莓颇受超市欢迎——只需足够的水分，它们就能长成大个子；它们的外皮红润诱人，能承受长时间的物流而不腐败。不过，这种草莓品尝起来寡淡无味，因为传统的杂交技术在带走致使草莓腐败基因的同时也带走了赋予草莓美味的基因。基因编辑技术承诺能解决该问题，改变想改变的基因，保留想保留的基因。

基修 基因编辑，创造更好的作物
因改

承诺是一回事，完成则是另一回事。不过，随着基因编辑技术特有的超凡的发展速度，潜在的目标正在迅速变现。

研究人员正在寻找新方法以杜绝食物浪费。尽管蘑菇本质上是真菌，但随着时间的推移仍会逐渐变为褐色并遭到丢弃。针对这种情况，研究人员利用基因编辑培育出不会变为褐色的白蘑菇，广受超市欢迎，降低了食物浪费。

食物与人类健康有着重要关系。我们知道均衡营养饮食的重要，但你知道传统饮食中的哪些组分可能与疾病相关吗？全球约有1%的人患有乳糜泻（译注：又称麦胶性肠病）。在患乳糜泻的情况下，人体免疫系统会对小麦中的谷蛋白产生有害的免疫反应——破坏肠道黏膜，导致腹泻及呕吐，严重时导致营养不良甚至癌变。

西班牙科尔多瓦的可持续农业学会的一个研究小组利用基因编辑技术灭活了小麦中45个基因中的35个——这些基因表达触发过度免疫反应的特定谷蛋白——从而防止乳糜泻。他们带来了好消息，报告中称基因编辑后的小麦面粉可以制作法式长棍面包，但不适合制作烘烤切片的白面包，法国人享福了。

基因编辑还能用来降低调味的成本。传统啤酒在酿造过程中使用啤酒花以获取独特的风味，啤酒花的成本较高。为降低啤酒的生产成本，加州伯克利大学的研究人员用基因编辑技术使啤酒酵母产生与传统啤酒花酿造的啤酒相同的味道。这是一次成功，当地一家酿酒厂的员工认为，经基因编辑的产品比传统啤酒花酿造的啤酒味道更好。

在理想的条件下，不增加额外的成本而提高作物的产出是农业公司和农民的共同愿望，无论是用于商业生产还是自己使用。大米是世界上一半以上人的主食，保持并提高大米产量对粮食安全至关重要。

中国科学院上海分院与美国印第安纳州普渡大学达成合作，利用基因编辑技术实现了这一目标。水稻中有1组基因由13个基因构成，它与水稻抗旱耐盐相关。虽然农学家利用传统的异花授粉杂交技术培育出了抗旱耐盐抗压性强的水稻植株，但杂交作物的产量并不理想，因为参与抗旱耐盐的基因还参与了植物的生长抑制。中美联合研究团队的科学家推断，如果能将正确的突变基因组合引入这些基因中，也许能得到适应力更强、产量更高的水稻品种。用传统杂交种植产出抗压性强、产量高的目标几乎不能完成。即使耗费极长的时间杂交很多代水稻，也难以得到精确的基因变异组合。通过新的基因编辑技术，实现这个目标仅需要几年时间。今天，科研人员已培育出能耐受环境压力的新水稻，且田间试验中新水稻的产量高于传统水稻（增加了25%—31%）。作为重要的作物，新水稻在生产力上取得了巨大飞跃。

培育能耐受不利环境的粮食新品种对农业发展非常重要。颇具讽刺意味的是，日益增长的人口给粮食生产带来的压力越来越大。农业用地的含盐量逐渐增长，阻碍了作物的生长，降低了作物的产量。地理学家计算出，全世界20%的耕地和33%的灌溉用地含盐量高，且该数字以每年10%的速度增长。

此外，农业用地干旱的情况越来越严重。据联合国统计，约10亿人的生计受到土地荒漠化的威胁，尤其是地球上的贫困地区。争夺水资源将逐渐成为引发国际冲突的因素之一。

当然，土地荒漠化也在客观上推动了基因编辑技术的进步；正是如此，基因编辑技术使抗旱耐盐作物品种数量得以迅速增加。令人鼓舞的是，水稻案例证实了基因编辑的方法具有可行性，科学家可以在提高作物对环境压力耐受性的同时不给作物的产量带去负面影响。类似的技术已被用于培育耐旱玉米，产量提高了4%。

各项研究都朝着正确的方向发展，培育优良的作物品种，更好地适应环境压力，投入少量资源就能提高产量。看起来，前景似乎一片光明，但也存在一些问题，一些非科学的麻烦。

如果经基因编辑的新品种作物让农民有限的农田利用更高效，这一定是伟大的成就。但有一种意外需要提防。如果新品种作物替代了传统品种，更多的土地将被用于耕种，曾经边缘化的土地或非农用土地将转换为农田，这会带来哪些后果？也许会带来生物多样性损失。因为这些地区往往是一些不常见物种的唯一栖息地。这是基因编辑作物推广路上的第一个问题。如果不能解决食物浪费和过度消费的根本问题，新技术的实施最多只能缓解粮食危机（甚至将事情变得更糟），仅凭科学之力无法从根本上彻底解决。

基因修改 走向市场

第二个问题则是基因编辑作物本身。是否允许生产者种植基因编辑作物并取得收成，是否允许向消费者进行售卖，全世界尚未达成共识。长期以来，反对转基因作物的呼声不断，这意味着基因编辑作物在被市场接受的道路上还有很长的路要走。

现实中，基因编辑作物的接受程度部分取决于人们的居住地。2014年，美国有超过 70 000 000 公顷的土地用于种植转基因作物。同期的欧洲国家，种植转基因作物的土地仅为 100 000 公顷。差异源于这些地区的不同规定，规定受到团体向当地政府施加的压力以及消费者习惯的影响。

研究人员因公众对转基因作物的反对态度感到沮丧，尤其是对黄金大米的反对让研究人员惋惜。我们知道，大米是全世界数十亿人的主食。然而，传统大米并不是完美的营养来源，它不能提供维生素A。维生素A对人体免疫系统和发育中的视觉系统很有帮助。引用世界卫生组织的数据："每年约有 250 000—500 000 名儿童因缺乏维生素A而致盲，其中约50%的儿童会在失明后12个月内死亡。"如果所有学龄前儿童都能摄入足量的维生素A，那么至少有 1 000 000—2 000 000 人能避免因患

27

感染性疾病而死亡。黄金大米通过基因改造在水稻种子中表达额外的基因，从而产生β-胡萝卜素。β-胡萝卜素在人体中能较容易地转化为维生素A。2000年，一篇论文的发表标志着黄金大米的问世。随着后续研究的逐步改良，黄金大米所产生的β-胡萝卜素含量逐渐增加。经志愿者验证的试验数据证明，人类的确能将黄金大米中的β-胡萝卜素转化为维生素A，其含量足以预防失明及感染。

也许，未来几年，黄金大米有可能进入消费者手中，这无法确保。从实验室里培植出黄金大米至今已有20多年，黄金大米仍未被广泛接受。当然，最终被市场接受需要时间。也许，现在的黄金大米还不能达到预期并走向目标市场。但再过20年呢？谁也无法预测。

黄金大米流通的最大阻力不是研发机构及投资公司，而是类似绿色和平组织这样的西方施压团体。2016年，有超过100名诺贝尔奖获得者（约占所有在世诺贝尔奖获得者的三分之一）联名向绿色和平组织写了一封公开信，批评他们在转基因作物尤其是黄金大米问题上的立场。绿色和平组织的回答：接受了黄金大米，就意味着接受了所有的转基因作物。

当然，绿色和平组织的论点没问题，原则上，反对一种转基因作物，必须反对全部的转基因作物。不过，反对者们也许并未充分考虑因缺乏维生素A而出现不可逆的失明的孩子以及失去孩子的父母。

基因修改 当科学遇上规则

"基因编辑"是2012年以来兴起的一项技术，它使科学家能更精确简易地改变基因组。实际上，基因编辑依赖于基因改造，因为它利用分子技术来改变生物体基因组。不过，基因编辑与早期基因改造技术相比有不少的优势。现代基因编辑技术能实现更细微的基因修饰，遗留更少的外来遗传元素。一些情况下，基因编辑甚至可以不残留丝毫分子痕迹，以精确控制的方式修改遗传密码中的单个碱基。从基因编辑的表达看，经实验室编辑基因后的生物体与自然条件下相同基因变异的生物体很难区分。

人们对早期转基因作物的反对通常基于引入基因组带来的巨大变化。一些人担心这些"外来"基因（通常以高水平表达所需性状的方式被引入）会蔓延至整个野生种群，乃至破坏植物生态系统或产生功能异常的新变种。一些人担心它们会通过未知机制损害人类的健康。

尽管这些可怕的担心并未成为现实，但并不意味着它们荒诞不经。技术的不断创新很可能带来难以预期又意想不到的后果，因此进行科学的监控以及分阶段施行推进非常有必要。

零风险的事情几乎不存在于世界，现实中的我们通常不善于评估风险。比如，一场火车碰撞事故造成了多人死亡，吓得人们选择摩托车通勤，而摩托车是更不安全的交通工具。新出现的偶然的小风险（火车事故）似乎比曾经常常出现的大风险（摩托车事故）更令人警醒害怕，这是为什么呢？因为后者已融入了我们的生活，我们会习以为常地忽视它们。

期待一项零风险的新技术是不现实的。我们应该期待的是：新技术比现有技术的风险更低。目前，尚无任何权威数据表明，转基因作物的风险水平高于传统植物育种方法，即便是"老式"转基因作物。现在，基因编辑技术的精确度逐渐提高，它们对基因组的破坏式编辑越来越少，我们看看监管机构对其态度发生了哪些有趣的变化。

2016—2018年，美国农业部对10多个基因编辑研发机构发出声明，农业部将不再对他们进行监管。2018年3月28日，美国农业部长桑尼·珀杜（Sonny Perdue）发布声明，不再对基因编辑作物进行监管将是持续性的战略。这意味着植物可以在无监管的状态下进行栽培、售卖，加快了其融入市场的脚步。

原因很简单——如果基因编辑所致的基因改变有较大概率在随机状态下自然发生，监管机构的介入则失去了意义。在正常植物的自然育种过程中，类似情况时有发生——遗传密码中的一个碱基发生改变。因此，监管机构认为，接受传统技术产生的变化，拒绝基因编辑技术创造的在遗传上无法区分的相同的变化是不合理的。

当然，这项声明也有适用范畴，即有害植物及有害植物的遗传物质除外。

过去，许多反对转基因的积极分子担忧生产转基因作物所需的昂贵技术会被跨国公司掌控。他们认为，这些公司倾向于将注意力放在商业价值上，忽略对贫困人口的帮助。

美国农业部对基因编辑作物的支持态度引导研发者利用基因编辑技术改良木薯这类容易遭到忽视的作物——木薯是约7亿人的主食，用于改良木薯的投资远低于改良小麦的投资。

由于研发时间漫长与监管力度大，最初的转基因作物的研发代价高昂、进度缓慢。新的决策搭配上相对容易的基因编辑技术，作物改良开始走向大众化。这些"孤儿"般曾被忽视的作物逐渐走进实验室，并走向更广袤的农田。

美国农业部明确提出，促进创新是决策中的重要部分。它刺激科学家研究改良谷物的欲望。毕竟，没有人希望辛勤研制的优质品种没有实用价值，没有人希望自己的辛苦耕耘付之东流。

一些迹象表明欧盟将作出与美国相似的决定，与曾经的决策分手。2018年1月，欧洲法院表示，很可能裁定2001年颁布的针对转基因的法规不适用于经基因编辑的作物。

2018年7月，最终的决策震惊了整个欧洲植物学界。欧洲法院裁定，基因编辑技术将纳入转基因技术并接受欧盟2001年颁布的相关法律的监管。

欧洲发出的声音前后矛盾。对植物育种家而言，利用照射或者化学方法产出随机突变的植物是合法的。如果突变基因能表达出有益的性状，育种家就能种植、生产和售卖这种植物，比如某个突变使西红柿的口味变得更甜美。几乎可以肯定，照射或者化学方法会导致植物出现一些其他突变，这些突变并未引起人们的重视。因此，在欧洲种植销售这种突变后的番茄植株和果实没有阻力。

　　如果你用基因编辑技术得到了相似突变后的甜美的番茄，这不是件好事——这种植物或其果实不能在欧洲种植或出售。如果我们将眼光聚焦于与甜味相关的基因，照射引起的突变和基因编辑产生的突变在 DNA 水平上没有区别。事实上，前者的植株可能比后者的植株在基因组的其他地方产生更多的突变，这些突变的位置以及内容甚至不受控制。

　　施压团体之一的公益组织"地球之友"对这个裁定表示认同，他们对照射植物的隐性危险保持缄默。因此，欧洲的情况反射出的现实是：结果不可控的技术（照射）比精确可控的技术（基因编辑）更受偏爱。

4 编辑动物世界

耕种的农民会面临诸多问题——如何让作物免受病害，如何在降低投入的同时获得高产量——畜牧业也有类似的情况。基因编辑技术有利于这些问题的解决。在一些应用中，该技术被用于创造机体中细胞被编辑过DNA的动物，并将修改后的遗传物质传承给后代。实现初代基因编辑个体的难度较大，因为它依赖于复杂的生物学发育过程，包括将胚胎植入可接纳的母体。此后，只要后代健康，就能像正常动物那样繁衍后代，传递编辑后的DNA，传递新性状。

基因编辑的原理简单，但技术具有较强的专业性。因此，即便多数实验室能在试管中编辑动物的基因组，但只有少数实验室能将试管中的生殖细胞植入母体并孕育出活体动物，罗斯林研究所（位于爱丁堡）就是其中之一。罗斯林研究所拥有技术娴熟的研究人员以及克隆牲畜所需的硬件设施。这并不奇怪，世界上第一个克隆哺乳动物"克隆羊多莉"就诞生于罗斯林研究所（1996年）。它由乳腺细胞克隆发育而来，并以美国乡村音乐天后多莉·帕顿（Dolly Parton）命名，意味着科学与文化携手向前。今天，罗斯林研究所由埃莉诺·赖利（Eleanor Riley）领导，他希望未来的任何突破都有成熟的命名。

有一种能感染猪的恶性传染病病毒，名为猪繁殖与呼吸综合征病毒（PRRSV）。自20世纪80年代以来，该病毒一直困扰着养猪业，美国每年因此损失5亿多美元。如果一头怀孕的母猪遭到感染，小猪大概率会胎死腹中，即使勉强幸存也会罹患严重的腹泻以及致命的呼吸道感染。如果母猪通过乳汁将病毒传染给小猪，80%的小猪会死亡。余下的20%

的小猪会在断奶后出现生长迟缓、体重增长困难的现象。

为了搞破坏，病毒会努力寻找进入猪细胞的路径，尤其是肺部的某些特殊细胞。通过与猪细胞的某个特定区域的蛋白质结合，它们进入细胞后迅速繁殖以达到破坏目的。罗斯林研究所的科学家认为，他们利用基因编辑技术可以改变与 ⋯⋯ 病毒如果无法与之结合，则无法进入细胞，终 ⋯⋯

我们可以把与病毒结 ⋯⋯ 珠项链上受损的珍珠。优秀的珠宝商可以把 ⋯⋯ 重新串联。如此，顾客将继续拥有一条完美 ⋯⋯ 技艺超凡的"珠宝商"，巧妙地利用基因编辑技术将病毒 ⋯⋯ 合的位点移除，同时保留其他物质的完整性与连续性。

这样，小猪就能健康地诞生，细胞蛋白质就能发挥正常作用。PRRSV不能再与蛋白质结合，猪体不会被病毒感染，也不会传播病毒，小猪将免疫PRRSV。

罗斯林研究所与英国种畜公司 Genus PIC 达成合作，研究可以作为种畜的纯种猪。纯种猪可以将抵抗力传给后代，PRRSV带来的灾难将得到避免。

目前，除了能免疫病毒的猪，基因编辑还在开展能使其他动物预防传染病的研究。中国陕西的西北农林科技大学的研究人员正向能抵抗结核病的牛发起研究。希望在未来，这个领域能传来越来越多的好消息。

基因修改 使瘦肉量最大化

毫无疑问，预防牲畜感染对畜牧业是好事。同时，畜牧业从业者还希望牲畜能充分满足市场需求。消费者对肉类的需求与日俱增，尤其是对精瘦肉的需求。肉类生产商希望动物们可以迅速增肥，高效地转化为瘦肉并进入市场。为满足需求，基因编辑迎来了新的挑战。

　　我们对猪肉和培根的需求永无止境，每年约有10亿头猪供应于市场。毫不意外，一些大国的科研机构将基因编辑研究的重心放在了家猪上。他们试图同时解决养猪户的两个难题——预防传染病和提高产肉量。

　　2 000万年前，远古猪（现代家猪的祖先）在热带和亚热带的史前气候下自由地嬉戏生活。试想，如果生活在这样的气候，你一定不需要迅速升温的中枢系统，否则会面临高热的风险。正因如此，小猪的祖先丢失了在大多数哺乳动物身上发现的共有基因。这个基因被称为解偶联蛋白1（UCP1）基因，它编码了解偶联蛋白1，这种蛋白能燃烧脂肪以迅速产热，它通常在褐色脂肪组织中表达。家猪没有复制UCP1基因的功能，事实上它们甚至没有褐色脂肪组织。

　　当然，大多数现代家猪并不生活在热带或者亚热带地区，它们生存在温带地区，气候温和或者稍显寒冷。迫于严寒的压力，生存在特别寒冷地区的现代家猪的新生猪仔的死亡率接近20%。那里的饲养者得准备更多的钱为家猪保暖，一些地区给动物保暖的成本甚至达到了总成本的35%。

　　基因编辑技术可以对基因组作细微的改动，或者将整个基因插入细胞。它具有不少优点，你可以精确控制基因放置在基因组中的位置，不增加其他恼人的附加序列。鉴于此，一些研究人员利用基因编辑技术将UCP1基因导入了猪的基因组。这可不是一件容易的事，科学家在实验室培育了超过2 500个胚胎并将其植入母猪体内。最终，只有12头具备UCP1基因的小猪出生。再次重申，基因编辑胚胎并不困难，但将其培育为活体则难如登天，其成功率与1996年克隆羊多莉时并无区别。具备UCP1基因的雄性小猪长大成熟后，科学家为它们进行了配种。如人们的预期，它们把UCP1基因遗传给了后代。事实证明，在寒冷的环境中，它们比普通猪具有更强的控温能力，脂肪还减少了5%。对于饲养者，这是双重喜事，它一次性解决了两个问题。

　　除了猪，农户和消费者期待能收获大量精瘦肉的牲畜还有很多。但大多数农场动物都具备功能正常的UCP1基因，我们不能用这种方法去增加它们的瘦肉量。因此，为了更好地提高瘦肉量，研究人员开始寻找新方法，找到一种在肌肉发育中扮演"刹车"角色的基因并调低它的表达以达到增加肌肉的目的。

哺乳动物有共同的平衡系统以调控骨骼肌的大小，一组信号促进肌肉生长，一组信号抑制肌肉生长。如果我们找到方法使平衡向促进肌肉生长一方倾斜，也许能得到体重更敦实、肌肉更发达、脂肪更少的动物。目前已有基因编辑团队以此为主题开展研究——通过减少对肌肉生长的抑制，而非增加促进肌肉生长以调节平衡。

肌肉生长抑制素是关键基因，它可以抑制肌肉生长。多年前的转基因动物实验研究表明，降低肌肉生长抑制素的活性可以使动物的肌肉格外发达。这些动物的肌肉发达、脂肪低，颇显奇怪——像阿诺德·施瓦辛格（Arnold Schwarzenegger）在20世纪60年代后期宇宙先生的比赛盛况。

再次强调，基因编辑技术远优于传统转基因方法，在降低肌肉生长抑制素基因的活性表达上表现突出，基因编辑技术不会带来其他的额外变化。这项技术已应用于猪、山羊、绵羊和兔子，在山羊、绵羊和兔子上的效果尤其明显。同时，肌肉的增多发生于动物出生后，避免了产前生长过快而导致的分娩困难。

一个研究小组认为，这种方法也许有利于美利奴羊的饲养。美利奴羊的羊毛细长，颇受户外运动爱好者的欢迎——他们花钱购买由美利奴羊毛制成的袜子和裤子。遗憾的是，美利奴羊的羊肉价值不高，它们长肉的速度太慢，肉量太少，商业用途不大。研究人员对美利奴羊的肌肉生长抑制素基因进行编辑，优质的羊毛和高产的羊肉得到兼顾。

另一个研究小组走得更远，他们同时编辑了肌肉生长抑制素基因和毛发生长抑制基因，将普通山羊变为拥有细长羊毛和敦实羊肉的新山羊。最终，有10个进行了双重基因编辑且表达出预期水平的小羊羔顺利出生。截至目前，他们并未公布这些可爱小羊羔的照片。如果进展顺利，也许在不久的将来，我们能目睹这些成年后的肌肉发达、毛发蓬松的山羊。

基修 因改 "不能吃的肉"

显然，利用基因编辑技术培育出长得快、肌肉多、免疫力强的牲畜有成功的可能。不过，它们何时能走进消费者的生活，尚属未知。

鉴于欧洲对转基因产品的消极态度以及对基因编辑作物的反对，推行基因编辑牲畜的道路困难重重。

在美国，官方的态度也是暧昧不明、扑朔迷离，很大程度上归咎于两大强势机构的博弈。一方面，美国农业部希望将对基因编辑作物的思路运用到动物身上，不需要监管。另一方面，美国食品药品监管局（FDA）持相反意见，他们希望经基因编辑的动物肉类及其他类似食物在进入人类食物链之前需要报备与授权。

一件重要的事需要谨记：实验动物（经基因编辑得到的初代动物）永远不会进入人类的食物链。实验动物是类似"原始股"的纯种牧群，它们如"火种"般将编辑的基因遗传给后代，科研价值很高，不会流入人们的餐桌。

联想牧场里撒欢的肌肉发达的绵羊和奶牛，也许是自然基因突变而变得强壮，也许是通过编辑肌肉生长抑制素基因而变得强壮，这触及了美国政府部门的监管分歧。按现在的规定，如牲畜是经基因编辑的动物繁育的直系后代，牲畜的肉制品不得售卖。

事实上，人类的食物链中已有大量强壮的牛羊，它们的肌肉生长抑制素基因发生了自然变异。比利时蓝牛和意大利皮埃蒙特牛就是通过这种基因的随机突变出现了自然变异，荷兰特克塞尔绵羊也是如此。

假设你面前有两块羊肉排骨，它们有着相同特点——肌肉生长抑制素基因发生了改变。通过DNA测序仪，你能分析肌肉生长抑制素基因，但无法区别哪块源于自然异变，哪块源于基因编辑，因为基因的改变完全相同。食品药品监管局选择监管一个，忽视另一个。显然，DNA序列发生改变不是他们的监管对象，他们监管是什么导致DNA序列发生改变。这样的逻辑对科学家而言是不可思议的。

无法区别基因变异的原因让基因编辑的反对者陷入了有趣的困境。反对者希望能在几代动物的育种中实现完全的可追溯性。如果基因编辑的结果与自然变异无法区分，则无法通过监视食物链以了解最初的变化因何而产生。因为自然变异的比利时蓝牛与经基因编辑的公牛的后代具有相同的DNA序列，所以反对者提出了解决方案，建议科学家进行基因编辑时引入一个能被检测的额外的DNA序列。这个额外DNA序列将作为标记遗传给子孙，这意味着基因组加入了"外来"DNA，这与科学家们的努力完全相反。相关领域的科学家一直致力于将"外来"DNA降至最低，一定程度上也有减轻反对者恐惧心理的因素。

基修因改 生物的治疗超能力

人类利用动物已有数千年的历史。即使对该观点的接受程度存在分歧，但不可否认一种情况真实存在——我们将动物当作食物的来源，包括它们的肉、奶。此外，人类与动物还存在着其他千丝万缕的联系——它们是我们朝夕相处的伙伴，是我们忠诚无贰的守卫，是我们狩猎时的盟友，是我们不愉快时的开心果。

数千年来，动物还被我们用于制药。考古发现4 000年前的古埃及手稿就详细记录了相关内容。今天，我们提取蛇毒并微量注入家畜体内以产生抗体应对潜在的致命的蛇毒风险。

大多数人熟知的药物被称为小分子药物，如阿司匹林、扑热息痛、治疗过敏性鼻炎的抗组胺药物、降低胆固醇的他汀类药物，以及万艾可的活性成分。这类药物能通过化学反应较容易地合成。

然而，现在越来越多的药物是生物制剂。它们是存在于生物体内的大分子结构，如治疗蛇毒的抗体以及对1型糖尿病至关重要的胰岛素。治疗类风湿性关节炎以及某种类型的乳腺癌效果较佳的药品也是生物制剂。最新的市场分析预测，到2024年，全球年均生物制药市场可能达到4 000亿美元。

通常，这些药物价格高昂，部分原因是其生产成本高。因为生物制剂是构架复杂的大分子结构，不像阿司匹林等小分子药物那样可以通过化学反应在试管里合成。它们必须由活体细胞合成，因为只有在生物体内才能完成如此复杂的生化反应。

想象一下，假设我们用作药物的分子是在人体中产生的，显然，我们必须先将这些分子从人体中分离出来。常见的例子是输血，我们可以将适量的血液献给需要的人。因为献血者的血液可以获得生成补充，所以他们不会受到伤害。事实上，人类所需的许多化学大分子仅在特定器官中微量生成。一般地，如果需要足够量的这类大分子制药，只能从众多死后的组织中提取。

一些儿童因缺乏生长激素这种分子而身材矮小、发育迟滞。过去为了治疗生长激素缺乏症的儿童的唯一方法是从死者体内提取生长激素。具体地说，人们将生长激素从死者的垂体中提取后注入儿童体内（垂体是大脑中一个微小而重要的内分泌腺体结构）。偶然，一些遗体捐赠者生前曾罹患罕见的痴呆症，克雅氏病（译注：别名朊蛋白病，为人畜共患传染病），由脑细胞中发育异常的蛋白质引起。在从患有克雅氏病的死者中提取生长激素时，没人意识到那些危险且致病的异常蛋白质也会悄然跟随。悲剧降临，当被污染的生长激素注入患儿体内，它们感染患儿致其大脑退化、痴呆，甚至死亡。据统计，英国有约200人死于这种情况。

因此，20世纪80年代中期以后，人类生长激素皆由基因改造细菌生产。相比之前的方式，这种方式更安全、更便宜、更成规模体系。

有时，动物偶然产生了与人类相似的蛋白质，我们可以将这种蛋白质用于制药。从猪胰腺中提取胰岛素用于治疗1型糖尿病已有60年历史。但这种方式并不理想，胰岛素是猪胰腺所有蛋白质中相对分子量较小的成分，这需要投入大量成本却只能提纯相对较少的药物。当然，猪胰岛素与人胰岛素不尽相同，这种方法还不是所有病人都适用。当需求增加时，还存在供应不足的问题。20世纪80年代，礼来公司利用基因改造细菌生产出了人类胰岛素。现在，几乎所有的胰岛素都来源于细菌或者酵母。

绝大多数生物制剂在细菌细胞、动物的细胞中培养产生。两类反应系统各有利弊。细菌细胞不如动物细胞复杂，在细菌细胞中培养不一定能产出具备相同功能以及有效治疗特征的复杂蛋白质。在哺乳动物细胞中培养很难得到高浓度的相关蛋白质，大大增加了制药成本。因此，一些药物公司开始寻找新方法以解决成本问题，这正是基因编辑技术大有可为之地。

使用老式基因工程技术在这方面已有一些先例。研究人员在兔子的基因组中添加了一组基因，使其能生成一种复杂的生物制剂以解决遗传性血管性水肿患者的需求。遗传性血管性水肿患者的小血管渗透压低，小血管会发生渗漏，液体会聚集在组织间隙中导致水肿。患上这种疾病非常痛苦，如果出现呼吸道水肿还有致命危险。注射转基因兔子生成的生物制剂可以避免这种可怕的事情发生。

假设你是一名生物制药领域的科学家，致力于开发更好的药品，你可能需要掌控一些关键的系统：

1. 易于繁育出具备必备基因改变的动物生产系统（不会对其他基因造成破坏）。

2. 具有访问权限的生产系统。

3. 具有高水平生产能力的生产系统。

4. 每种动物可循环反复长期利用的生产系统（提取生物制剂而不需宰杀相应的动物）。

　　"系统1"与基因编辑技术完全契合，"系统2—4"可以参考鸡蛋中生物制剂的生产。

　　在鸡蛋中生产生物制剂的基因编辑技术正在加速发展，这完全合乎逻辑。自2012年以来，科学家已取得了显著进展。

　　其中，较先进的项目是将基因编辑和鸡蛋的天然高蛋白潜质结合并生产出名为β-干扰素的生物制剂。β-干扰素可用于治疗复发型多发性硬化症，其生产成本通常较高。位于日本筑波的畜产草地研究所和东京一家名为 Cosmo Bio 的公司合作，他们利用基因编辑来培育鸡蛋中富含β-干扰素的母鸡。研究人员指出，这种方法可以降低90%的生产成本。

　　降低成本对制药商、患者是双赢。患者能承受的预算不足以支撑制药成本是制药商最头疼的问题之一。举例，科学家用老式基因工程技术在鸡蛋中生成了一种名为 Kanuma 的生物制剂，目的是为了治疗一种罕见的疾病，在英国只有19名患者。Kanuma 得到了欧盟监管机构的使用授权，这种药物安全且有效。不过，英国国家健康和保健医学研究所建议该药只能收取患者不高于50英镑的费用。显然，Kanuma 无法为公司带来长期效益，其研发与收益不具有合理性。如果无人为研发的药品买单，制药商一定会为此头疼。如果基因编辑技术可以大幅降低制药成本，患者则获得了更多的挽救机会。当然，一种可能性的确存在——降低生产成本需要在患者人数达到数百或者数千时才能真正实现。罕见病的情况比较复杂，制药费用、临床试验费用与患者人数的科学比例对决策产生影响。

基因修改 从三明治到器官

　　一些情况下，患者处于疾病的晚期，治疗难度大，药物或其他现有技术无法有效治疗或治愈。这时，器官移植成了挽救患者生命的一条途径，也许是肝脏，也许是肾脏，也许是心脏或是肺脏。器官衰竭而亡或是进行器官移植，这是个二选一的选择题。

移植技术存在已久，临床实践也日趋成熟。然而，每年都有大量的患者在接受移植前抱憾离世。在美国，即便需要器官移植的患者只有不到11.5万人，但平均每天仍有20个人默默离世，从等待者名单中消失。全世界都在重复着这样的遗憾场景。即便每个器官捐赠者平均能挽救8个生命，但对等待器官的患者仍是杯水车薪，愿意在死后捐献器官的人太少。

公共宣传活动也强调了该问题，试图以此提高遗体捐赠率。比利时、奥地利等一些国家已制定了"默认捐赠"制度，即除非死者生前明确反对，否则将视为默认同意器官捐赠。即便如此，世界范围内的供体器官仍存在巨大缺口，特别是道路交通事故的死亡人数逐年下降——车祸死亡者是器官捐赠的主要来源之一。我们急需多渠道的可移植器官的供应。

假设不依赖于人类器官，而是使用动物器官呢？这种方法被称为"异种器官移植"（xenotransplantation），"xeno"源自希腊语，意为"异种来源"。这一直是移植专家们的梦想。猪通常是最佳选择对象之一，因为猪的器官在大小和结构上与人体接近，生理上相对相似。以猪心为例，从机械运动及电生理角度看，猪心也许能在人的胸腔里节律性搏动。

遗憾的是，今天，猪只能为我们提供熏肉和鲜肉，器官移植的科研路还很漫长。在这条路上，基因编辑技术也许将再次带领我们冲破阻拦。

几乎所有的哺乳动物基因组都潜伏了病毒的"卧底"。很早以前，病毒就学会了伪装。最初，病毒总是横冲直撞由一个生病宿主传播到另一个宿主；现在，病毒会将自身的基因插入宿主的基因组。这些基因将潜伏于此，当一个细胞分裂为两个细胞时，潜伏于基因组的基因将随着宿主的DNA一起复制。宿主繁衍后代时，病毒基因如偷渡者般被包裹在宿主基因组中传递给下一代。哺乳动物进化出免疫防御系统以镇压这些偷渡者，让它们沉默静止。不过，一旦防线遭到破坏，蛰伏已久的病毒则会伺机而动，进入更活跃的阶段，变成侵略者。

猪也不能例外。研究人员已经确定，猪的基因组中潜藏着未被发现的病毒，这些病毒只是在等待时机。它们既没有死亡，也没有破碎，只是保持沉默。给予适当的刺激，"恶魔"就会苏醒。

令人担忧的是，异种移植也许会将猪的沉默病毒传播出去。假设人类接受了猪心的移植手术，也许需要服用大量药物以抑制免疫系统降低对新器官的排异反应。如果潜藏在猪器官里的病毒趁机复苏，薄弱的免疫系统不能在速度和强度上对病毒作出有效反应，病毒势必抓紧机会使坏。更糟糕的是，接受移植者还可能将病毒传播给他人。作为群居物种，我们并不擅长处理从未遭遇过的感染疾病——历史上，欧洲人入侵拉丁美洲地区，欧洲人带去的病毒消灭了75%—90%的土著。

猪器官移植引发的免疫反应问题也许不如上述那么严重，但免疫力低的人接触受感染者的危险的确很大。小孩、老人、病人的免疫力普遍不高。事实上，病人经常出没于医院，移植受体也是医院的常客，非常危险。

哈佛医学院的乔治·丘奇（George Church）教授发表了与此相关的500多篇论文。他毛发浓密，下巴满是络腮胡，看起来像19世纪的冒险家或者传教士。现实中，他秉承冒险家精神用新的基因编辑技术在基因工程领域开疆扩土。他致力于将技术的功用发挥到极致，他重点研究猪基因组中的休眠病毒课题。结论是休眠病毒有62种，丘奇和他的团队利用基因编辑技术灭活每种病毒。对老式基因工程技术而言，这是件不可能完成的任务，也是组织筹划的一场噩梦。通过灭活病毒，病毒从猪细胞传播到其他细胞的可能性将下降至以前的千分之一。

2年后，乔治·丘奇成为带领基因编辑技术步入新阶段的领军人物之一。他们最初的研究仅限于实验室进行，只在细胞中进行培养。2017年，乔治·丘奇和他的团队把基因编辑和克隆技术相结合，培育出编辑后的新品种猪，休眠病毒不会被激活。

一些人引用丘奇的话，"未来10年，也许能看到人类接受猪心移植的场景"。事实上并不现实，激进的手术在多数国家无法获得伦理支持。异种移植之路还有许多困难，尤其是对急性排斥反应的预防。

分享一个好消息，不同研究小组针对各自的技术问题都取得了一定的研究成果。未来，我们可以将这些成果汇集，用基因编辑完美破译猪的基因组并创造出具备所需特征的猪群。

未来，我们也许可以实现以猪为供体为其他动物进行器官移植。

5　安全第一

药品监督机构对基因编辑的安全性心存忧虑。不过，我们不能因此认定该技术存在隐患。安全性是所有新药必须跨越的第一个障碍。如果一种药物不能确保安全性，则不可能被允许进入市场。

当然，安全也有相对性。在实际应用中，我们也需要一些平衡。试想，你希望从药房购买治疗过敏性鼻炎的药物。假设这种药物通常会带来恶心、呕吐、极度疲惫和脱发的副作用，那么监管机构有较大概率不看好它。换一种情况，如果这种药物是挽救癌症患者生命的唯一选择，那么监管机构有较大概率妥协——虽然它的副作用令人不快，但它能拯救生命，具有非致命副作用的药物也许是个可接受的折中方案。

事实上，医药公司擅长于甄别并阻止也许会导致大规模安全问题的药物的开发。如果研发的新药因安全性问题遭到监管机构的禁售，昂贵的开发成本将付诸东流。

不过，越是具有创造性的治疗方式越难预测安全性，也许会出现一些令人想不到的异常。2009年曾出现过一次类似的情况，在欧洲接种了特定流感疫苗的儿童和青年人罹患嗜睡症的风险也随之增加。目前，尚不清楚是什么导致了两者之间的关联。在该特定流感疫苗大规模使用之前，无人能预料到这样的风险。

研究者和监管者采取合乎逻辑的方法评估基因编辑的风险。基因编辑的本质是将一种突变引入DNA。科学家乐于接受2012年首次报道的基因编辑版本，因为它比过去开发的其他方法更精确、更有用。

2017年，哥伦比亚大学的研究小组发表了一篇令生物学领域为之震惊的论文。他们声称，小鼠细胞系中进行基因编辑除了能引入期望的突变外，还会意外地引入数百甚至数千个不可预估的突变。这个结论令人担忧，尤其是在这项技术接近临床应用的尾声。一年后，这份恐慌消除了。其他的研究人员证明，最初的实验设计存在缺陷，所以结论失真。最初的团队重新审视了他们的工作，承认了自己的错误。尽管6个论文作者中只有2个作者同意撤回论文，论文还是被撤回了。

发表该原始论文的杂志主编受到了不少批评。澳大利亚国立大学的一位教授发表了严厉的声明："这篇论文竟能发表于《自然·方法》杂志，令人震惊。作为评论员，我一定会在第一轮评议中将其驳回，实在太糟糕。从'高影响因子'的权威杂志到新兴科学的过分吹捧，这样的趋势令人担忧。显然，这篇论文的发表是同行评议过程的失败。"

科学家为何对那篇原始论文及结论提出较强的抗议？因为与我们息息相关的科学研究都是在逐步纠正的过程中更新完善的；一篇论文的发表通常会激起其他科研人员的质疑，接着被发现的问题将得到修正。

权威科学文献会受到更多研究人员的关注，出版标准受到学界的"监督"。另一些批评来自研发基因编辑治疗的公司，由于论文在大众媒体中广泛曝光，给相关公司带来了负面影响，这些公司的股价遭受了冲击。从事新兴科技领域的公司通常需要承受更多的压力，因为类似论文对他们的影响很大。

此外，撤回论文并不意味着内容消失。我们可以做个测试，将论文里有争议的细节输入搜索引擎仍会获得海量的结果。海量的结果会指向与此相关的不同报道，但不会提及原始论文已撤回。因此，它的影响会持续下去。

还有一些与此相关的错误研究也会带来不良影响。1998年，在苏格兰从事研究工作的科学家阿帕德·普斯陶伊（Árpád Pusztai）提出，喂食转基因土豆的老鼠会出现发育不良的状况，它们的免疫系统会受到抑制。普斯陶伊博士曾在电视台公开了他的研究结论，事实上这个结论并未经过同行评议。

他的观点很快引发了轰动，并在围绕转基因食品及其对人类健康可能带来的影响的争论中扮演着重要角色。英国皇家学会（The Royal Society）的代表进行了审查，结论是现有数据不足以支撑普斯陶伊博士的观点。即便是今天，各项研究仍不能证明转基因食品与健康存在必然联系。不过，普斯陶伊博士关于转基因土豆的言论反复出现在一些社会团体中，他们将普斯陶伊奉为遭遇不平等对待的英雄。

几乎没有个人或者组织能在这场争端中成为赢家，那些不充分或有缺陷的数据给新兴技术领域带来了灾难。《柳叶刀》杂志发表了普斯陶伊博士的最终手稿。手稿内容相比此前他在电视上的说法缓和了许多，但并未逃过批评。一些人指出，《柳叶刀》杂志发表这篇手稿是在给即将失控的火灾提供氧气。杂志方反驳，不发表则等于认可英国皇家学会的审查结果，科学需要在质疑中修正并进步。

《柳叶刀》真的信心十足吗？不一定，这也许是个天真的错误。《柳叶刀》曾在1998年发表过安德鲁·韦克菲尔德（Andrew Wakefield）的一篇臭名昭著的糟糕手稿，声称麻疹、腮腺炎、风疹的三联疫苗（MMR疫苗）与自闭症的发病存在关联。事实上，基于这篇论文的样本量小得令人难堪、技术拙劣。此后不久，基于全球约10万名儿童的数据分析表明，自闭症与麻腮风疫苗并无关联。最终，论文发表12年后，整整12年后，《柳叶刀》才撤回了该论文。

在互联网，你只需12秒时间就能搜索到大量谴责接种麻腮风疫苗会导致自闭症的网址，这是那篇不合时宜、错误发表的论文带来的负效应。客观地说，该疫苗接种也许是过去100年中最具影响力的创新之一。2017年，欧洲有超过20 000人罹患麻疹且造成了35人死亡，世界卫生组织将其归因于人们拒绝接种麻腮风疫苗。

科学界非常重视论文，尤其重视论文的科学性——基因编辑会导致基因组中出现成百上千的偏离目标的突变是非科学的，结论是无效的。过去的惨痛教训告诉我们，一个错误观念根植人心，也许整个领域的学术环境都将遭到破坏。

基因 双刃剑
修改

当然，这并不意味着基因编辑可以在安全性问题上获得特权，尤其是将其应用于更广的领域。目前，一个潜在的问题尚存，全球的实验室正在进行大量的研究以攻克它。

p53容易让人与郊区巴士产生联想，但事实上它是细胞中最重要的蛋白质之一，尤其针对癌症。有时，科学家将p53描述为基因组的守护神，这是一个不错的比喻。通常，细胞中的DNA会受到一些因素的破坏式攻击进而发生变化，例如辐射或是特定的化学物质。如果不能及时修复，这些变化可能会引起突变，一些情况下甚至会引发癌症。对生物体而言，将那些发生改变的受损细胞消灭也许更安全。p53就参与了这个过程，它将诱导受损细胞凋亡。如果细胞中的p53缺失或者失活，那么该细胞势必会积累大量突变。p53的缺失以及大量积累的突变是大多数癌症发生的原因之一。

一个潜在的问题呈现出来，"基因编辑通常在细胞中切割DNA，即破坏DNA。细胞并不知道这个动作是否是有意为之，它将触发控制损伤的反应，尤其是激活p53的反应，这与发生其他形式的DNA损伤后的反应完全一致"。因此，实验中细胞被成功编辑的概率不高，无法被成功编辑的细胞也许太擅长于DNA保护，它们的p53太棒。

2018年，两个独立小组的研究均表明，基因编辑的效率与p53的活性相关。它引出了一个令人担忧的猜测，也许最易于编辑的细胞是p53有缺陷的细胞。在大多数实验中，这也许并不重要，但如果你考虑生物体的植入就显得非常重要了。一些情况下，你成功编辑了一组细胞，并将它们注射到生物受体中。如果这些细胞编辑有效的原因是它们的p53系统有缺陷，那么你已人为地对有缺陷的细胞进行了优先排序，p53系统将变得越来越糟糕。在这种情况下，你的动作是给受体增加致癌风险。

两篇论文的主要作者非常负责任地指出，目前这种情况只存在理论上的可能性。

目前，我们知道基因编辑的效率与p53可能存在一定的联系，了解这点对后续的实验帮助很大。当我们将基因编辑用于治疗时，这一特性能帮助我们更好地设计实验以评估该技术的长期安全。我们可以检验假设，受体的细胞是否具有完整的p53。

科学家提取出一种特殊类型的免疫细胞。然后，他们利用基因编辑技术修饰细胞，使其能攻击癌症并摧毁它。在2015年的一项癌症试验中，30个实验者中的27个效果良好，这个结果震惊了学术界。

鉴于基因编辑在DNA修饰方面的优势，学术界和工业界都在全力探索这一领域。

基因修改 巧妇难为无米之炊

世界各地的实验室正以各种眼花缭乱的实验探索基因编辑的潜力。一名患有先天性表皮松解症的7岁儿童已用旧版本的基因疗法替换了整个表皮，毫无疑问，基因编辑技术将在这一领域拓展应用。采用新技术治疗杜氏肌营养不良症和亨廷顿病的工作正在有序推进，杜氏肌营养不良症是一种致命性遗传性肌肉萎缩病，亨廷顿病是一种遗传性神经退行性疾病。一些人被列入心脏病和中风的高风险人群，因为他们无法调节血液中的胆固醇水平且对他汀类药物不敏感，他汀类药物是预防心血管疾病的主要药物之一。在动物模型中使用基因编辑研究降低罹患风险的初步结果振奋人心。

因此，基因编辑疗法很可能提供有效的治疗机会，甚至是治愈的机会。推广这项技术的主要障碍也许不是技术性问题，而是经济问题。

我们需要找到降低药物开发成本的好办法，否则，疗法将难以普及。

6　基因组改变

　　基因编辑用于治疗，通常指向出生后的治疗。在英国，新生儿出生5天后就有资格接受足跟取血检测，用针刺破新生儿的足跟取四滴血。它可以检测出九种罕见疾病，包括镰状细胞性贫血、囊性纤维化、先天性甲状腺功能减退症以及六种代谢异常疾病。如果医生在婴儿生命的早期就知道他们将受到这些疾病的影响，他们可以采取干预措施以增加婴儿的存活机会、提高生活质量。患有囊性纤维化的婴儿易引起严重的肺部感染，提前使用抗生素也许事关生死。患有先天性甲状腺功能减退症的婴儿生长发育不健全且智力低下，但能通过补充缺乏的关键激素来预防。

　　有时候，干预措施并不需要药品。在英国，每万名婴儿中有一名患有苯丙酮尿症（PKU）。苯丙酮尿症患者无法分解蛋白质中的苯丙氨基酸，这种氨基酸会在大脑及血液中不断蓄积并达到致毒水平。在人们知晓苯丙酮尿症的遗传机制及开展足跟取血检测之前，患有此病的婴儿会在成长过程中逐渐出现智力发育迟缓、行为异常、反复呕吐、癫痫等症状。今天，这些患者能在出生后被较快地筛查出来，他们接受低蛋白饮食并摄入其他所需的氨基酸补充剂。做到以上几点，同时避免摄入含有阿斯巴甜的代糖食品（阿斯巴甜会在体内转化出苯丙氨酸），则能避免出现与该遗传疾病相关的症状。

　　随着科技的进步，人们越来越倾向于服用更多的药物以保持健康。止痛药、口服避孕药、抗生素、抗组胺药和激素替代药物越来越普及。即使那些相对更健康的幸运的自然衰老的人也可能正在服用他汀类药物、低剂量类固醇，以及治疗勃起功能障碍的药物。我们可能还需要一些其他药物，如抗抑郁药、胰岛素、治疗类风湿性关节炎的抗体，或一系列治疗和控制癌症的化合物。

不管我们出于何种原因服用任何药物，都有一个共通点——研究之初，药物用于补充缺乏的蛋白质或者平衡失调的蛋白质功能，药物的作用机制并不会改变个体DNA。

不仅如此，为了确保药物不影响DNA，我们付出了巨大的努力。所有新药在研发期间都会接受筛选，可能引起DNA变化甚至是突变的药物都会被取消。原因有二：其一，将药物潜在的致癌风险降到最低；其二，避免药物导致生殖细胞发生突变，生殖细胞能生成卵细胞或精子。如果药物有导致突变的风险，几乎不会得到上市的允许。

如果药物引发了生殖细胞的突变，突变可能阻碍卵细胞或精子的正常发育，进而导致潜在的生育问题。还有一种担忧，如果突变的卵细胞或精子正常发育并成为新个体的一部分，那么新个体体内的所有细胞都将具有这种突变且还可能将这种突变遗传给下一代。

事实上，即使是从未服药的人，DNA也会随着时间而发生改变。尽管生殖细胞有严格的机制控制突变，但突变仍然不可避免——因为环境因素的影响，也因为卵细胞和精子在发育过程中进行了大量的复杂的DNA复制（复制数量越多，忙中出错的概率越大）。现实中，男性每秒约产生1 500个精子，基因组发生改变的可能性趋于显著。

所以，科学家研发新药时通常会力保药物不会使突变率显著高于原有水平。

在某种程度上，基因编辑用于治疗疾病时与其他药物略有不同，基因编辑旨在以可控且特定方式改变DNA序列。基因编辑是一种学术上的有益探索，也许能为一些无法治愈的疾病带来帮助。科学家正在努力，如何在不影响生殖细胞的前提下将基因编辑成功地用于治疗——对镰状细胞性贫血而言，基因编辑在体外进行，编辑后的造血干细胞将重新导入骨髓；在诸如杜氏肌营养不良症等疾病的治疗中，基因编辑试剂很可能被注射到肌肉组织。患者将通过改变其DNA进行治疗，但这种改变仅针对体细胞的基因组。基因编辑会影响患者的体细胞，但绝不会影响生殖系统。

现在，作一个学术上的大胆的假设——未来，我们可以利用技术改变每个细胞的DNA。

基因 修改 一种假设

基于这种想法，他们将具备增强后的基因组，更高、更快、更具吸引力。事实上，我们对这些特征的遗传规律知之甚少，目前我们掌握的与此相关的知识并不多。因为大多数性状接受多元的大量的互相作用的遗传变异的影响，单一变异对最终结果的贡献很小。编辑足够多的变异才能产生差异是不可行的。

高成本和复杂性意味着基因编辑改变生物性状不能轻易尝试。

在一些情况下，基因组中的单个离散变异会对个体产生巨大的可预测的影响，这些影响通常是病理性的。故而，涉及生殖系统时科学家非常谨慎。

自毁容貌症是一种隐性遗传疾病，症状严重且可怕。这些患病男孩（几乎只有男孩受到影响）忍受着严重的关节痛并患有肾功能衰竭，因为尿酸在他们身体的各个部位大量沉积。可以通过成年人的痛风思考尿酸在关节内的沉积过程。患有痛风的成年人通常会告诉你，痛风发作是你能想象到的最剧烈的疼痛。

事实上，疼痛并不是发生在自毁容貌症患者身上最糟糕的事情。随着病情进展，他们会出现一系列破坏性的神经精神行为，其中最令人痛苦的是自残，包括大面积咬伤其四肢和嘴唇。为了防止这种情况发生，大约75%的患者大部分时间处于身体约束状态（通常是他们自己的要求）。

患病的男孩很少活过十几岁，常见的死因是尿酸沉积导致肾功能衰竭。这给家庭和临床医生带来了两难的伦理困境——对于许多患者而言，不治疗意味着痛苦；治疗肾脏问题并延长寿命不合乎伦理。

在科研上，即使基因编辑在现有基础上得到大大提高，修改患儿大脑中的基因缺陷也难于上青天。药物或其他试剂很难进入大脑组织，因为大脑特有的"血脑屏障"可以抵御"污染"。也许，真正需要基因编辑的是脑细胞中的神经细胞。不过，神经细胞不具备分裂能力，这严重影响了基因编辑的效率。大脑中约有1 000亿个神经细胞，逐个编辑是不现实的。最后，因为我们无法确定神经细胞受损后出现不可逆损害的时间窗，故而基因编辑的时间窗也无法确定。

在学术上，这不仅适用于自毁容貌症，还适用于亨廷顿舞蹈病以及因染色体的特定突变导致的致命性的神经退行性病变。这些疾病的症状有时出现在儿童时期，有时也出现在成年后。通常，到这一阶段，亨廷顿舞蹈病患者已有了后代。不仅他们自己会面临这种可怕、痛苦的衰退，他们的孩子也有50%的可能继承这种麻烦。

如果临床医生知道一个家庭中存在亨廷顿舞蹈病，如果基因编辑能真正解决他们的困难，这也许不是一件坏事。当然，我们必须遵守伦理。

基修因改 思而后行

改变人体每个细胞的DNA序列，这样的基因编辑距离我们有多远？答案：非常遥远。

我们不能百分百地确保胚胎细胞分裂出的子细胞能代表整个胚胎。目前，对其他哺乳动物物种的研究工作充满希望，但它们并不一定有参考意义。现实中，英国禁止对14天以上的人类胚胎展开研究，世界上其他国家也禁止这项研究。

基修 整装待发

一些人认为，与生殖系基因编辑相关的案例不多，无须建立伦理框架，可以单独处理。这种想法非常危险，一定要警惕。

医疗干预的历史告诉我们：有效的干预方法通常会被广泛使用。在1978年第一个"试管婴儿"出生时，体外受精技术似乎还只是针对特定客户群的小众手术。但自那天起的40年里，已有500万人加入了体外受精的浪潮。

人类细胞中约有99%的DNA位于细胞核中，一半从母亲那里继承，一半从父亲那里继承。此外，大约有1%的基因组位于1 000—2 000个微小亚细胞结构中，这个亚细胞结构就是线粒体。本质上，线粒体是细胞的发电单元，使细胞产生能量。我们只能从母亲那里继承线粒体DNA。

正如细胞核DNA发生突变致病一样，线粒体DNA的突变也会带来疾病。利氏综合征（Leigh syndrome）是一种罕见的疾病，通常患儿会在出生后12个月内出现症状，包括发育迟缓、智力和运动功能丧失。这些儿童通常在发病后36个月内死亡。约20%的利氏综合征病例由线粒体DNA突变引起。

分享一个关于利氏综合征的案例，来自于一对渴望孩子的约旦夫妇。这名妇女经历了4次流产，生下了一个患利氏综合征的女儿，女儿在5岁时夭折。此外，她还有个患病的儿子在1岁生日前去世。基因检测结果表明，这名妇女的线粒体DNA发生了突变。尽管她本人并未受到影响，但她卵细胞传递的线粒体DNA发生了突变且突变数量达到了1 000—2 000个（临界区）。她有较大的概率流产或者诞下患致命疾病的孩子。

2016年，在经过复杂的体外受精过程后，这名妇女成功地生下了一个健康的男婴。执行体外受精的医疗团队从捐献的含有正常线粒体的卵细胞中取出细胞核。之后，他们将这个细胞核插入线粒体突变的妇女的卵细胞中创造了一个杂交卵细胞，其中细胞核 DNA 来自一名女性，而线粒体 DNA 来自另一名女性。医疗小组利用丈夫的精子使这个杂交卵细胞受精，这一过程需要多个卵细胞。人工授精后的受精卵在实验室里培养，只有一个受精卵发育成了胚胎，它随后被植入了那个渴望拥有一个健康孩子的约旦女性体内。

这个案例的实施比较复杂，但完全合法合规。首先，收集卵细胞和精子并进行体外受精的操作在位于纽约市的美国新希望生殖医学中心进行。其次，将受精卵植入女性子宫会触犯美国法律。故而植入过程在墨西哥进行。最后，由于美国和墨西哥的生殖机构皆不具备在胚胎植入前对胚胎进行全面分析的技术和专业知识，因此这一部分操作在完全得到了相关机构的伦理批准后在英国进行。

真是一团乱麻，距离理想的实现似乎还很遥远。英国现在已经成为第一个放宽相关法规的国家，可以在适当的审查制度下从头到尾执行这种三亲胚胎实验及其变体实验。

因此，线粒体替换技术为人类 DNA 的生殖系基因编辑创造了先例。三亲胚胎的每个细胞都包含来自两位母亲的核基因组和线粒体基因组，每个细胞都有相同的杂合 DNA。使用这种技术出生的婴儿是男性，基因混合物不会遗传给下一代，因为线粒体 DNA 只能通过母系遗传。

基因修改 驱动力是什么？

学界对单个基因突变导致严重且罕见的疾病的情况作了统计。目前，已知至少有 10 000 种人类疾病是由单个基因的缺陷引起。随着 DNA 测序和数据处理技术的愈加成熟，科学家一定会发现更多的单基因疾病。总的来说，全球约有超过 1% 的人受到了单基因疾病的影响，这是一个需要我们重视的健康问题。

现在，如果在一个家庭中发现了遗传性疾病，有多种方法可以避免母亲生下一个不携带致病基因的孩子。产前检查是最常见的方法。产前检查针对的是以传统的两人性交方式怀孕的人群。在怀孕的某个阶段，可以检测胎儿是否遗传了致病突变基因。如果有，孕妇可以选择终止妊娠。不过，对大多数女性及其伴侣来说，终止妊娠通常会给家人带去痛苦。（一个真实案例：我在英国的一所医院做访问学者时，一位女性的后代有患上亨廷顿舞蹈病的风险。经历了10次终止妊娠，她终于怀上了一个健康的孩子，他们的家庭一定承受了很多痛苦。）

事实上，我们目前掌握的方法解决类似问题具有较大的局限性。人类基因组多数是二倍体，一套基因从母亲那里继承，一套基因从父亲那里继承。以亨廷顿舞蹈病为例，在少数情况下，显性遗传病患者从父母双方继承的都是突变基因。这意味着他们将有两套突变基因，他们的后代将继承突变基因并发展为疾病。

在多数情况下，显性遗传病患者的孩子约有50%的风险遗传突变基因，因而患上相同的疾病。无论是自然受孕还是体外受精，患病的概率都偏高。体外受精时，女性提供的可供受精的卵细胞数量相对较低，易于出现所有胚胎都携带突变的情况（女性携带突变基因或用于受精的精子携带突变基因）。也许，小部分人不会出现这样的情况，但实验室受精卵培养、植入和婴儿足月存活的成功率并不高。因此，科学家一直努力，希望基因编辑在符合伦理规范的前提下更好地为人们服务。

在隐性遗传病中，只有当两个等位基因都发生突变时才会出现症状。隐性遗传病患者必须遗传来自父母双方的突变基因（父母都携带了隐性致病基因），因此将不可避免地发展出疾病症状。虽然两个隐性遗传病患者相遇相恋结婚生子的概率不高，但也不能排除。存在一些现实的原因，同类人的惺惺相惜，他们可以分享相似的生活经历。

对于遗传病高风险人群而言，除了避孕之外，领养一个孩子或使用不携带突变基因的捐赠者的卵细胞或精子成了不多的选择。这里，我们会面临一个引人注目的令人纠结的现象。事实证明，绝大多数人都渴望一个"属于自己"的孩子——包含父母双方遗传物质的孩子。也许是某种生物学上的需要，深埋于大脑的本能推动了这个想法——从进化的角度看，这无疑是合理的。不过，我们无法理解为什么这种冲动会如此强烈，多数情况下，当事人自己也不能解释。

如果无法从情感或理性层面解释，那么科学界和医学界能解释吗？最近的一项与此相关的伦理审查声明了一个结论："尽管如此，我们仍有充分的理由尊重他们，即使这些愿望也许源于贪欲，但这是人们先天性的需求。"

基修因改 知情同意的认知

医学伦理学中最重要的原则之一是知情同意。这个原则有各种不同的定义，其中较为完善合理的定义为："患者知晓并理解医疗或外科干预（包括临床试验）的目的、益处和潜在风险，并且同意接受治疗或参与试验的过程。"

生殖系统基因编辑的知情同意场景非常复杂。第一，人们通常认为知情同意的主体是希望怀孕的妇女。因为她将接受激素治疗以诱导排卵，她的卵细胞将被提取并编辑。随后，一个或多个胚胎将植入她的子宫，她将怀孕9个月进而分娩。在此过程中，她是承担临床风险的人，因此获得她的同意是自然的。

第二，在大多数情况下，她的配偶也会参与，我们需要使用他的精子，因此需要获得他的同意。

第三，我们需要获得孩子的同意，这使事情变得不寻常。在这个过程中，孩子才是真正受影响的人，他的DNA将发生永久改变。我们无法询问他的想法，也无法获得他的同意。他只是一个细胞或一小簇细胞，从他那里获得知情同意显然不现实。更具挑战的是，他也许不存在，如何获得知情同意——也许胚胎在实验室无法正常发育；也许它得到发育，但不能被植入母亲体内；也许它被成功植入，但妊娠不能持续到足月。

孩子的基因继承自父母但又摒弃了潜在的毁灭性特征基因。一边是也许会出生但尚不存在的"虚拟人"，一边是希望成为孩子父母的"现实人"，如何平衡？

我认为，伦理道德必须遵守，知情同意必须遵守。

基因 修改 何人受益

寻找受益人有时是一条线索，指引我们穿越技术寻找答案。我们也许可以利用这一思维方法来探讨生殖系统基因编辑会造成的潜在麻烦。

普通民众通常会下意识地认为，减少缺陷是好事，因为它减轻了人们的痛苦。由此，似乎可以得出结论，在严重的情况下进行生殖系统基因编辑是一件好事。不过，一些残疾人士发出了不同的声音，他们认为，这一结论意味着残疾人不如肢体健全的人。

支持者通常会辩称，我们并未贬低残疾人，我们只是猜测，如果毁灭性特征基因得到减少，他们的生活质量也许会更好。不过，这只是猜测，事实上并不存在。

世界卫生组织预计，疫苗的预防接种极大地降低了脊髓灰质炎的发病率，全世界有超过 1 600 万人幸免于难，能够正常行走。几乎没有人认为减少瘫痪人数是错误的，并因此建议减少脊髓灰质炎免疫的接种。如果使用疫苗技术减少残疾是恰当的，为什么使用基因编辑获得同样的效果是不恰当的呢？因为基因是自我属性的一部分。

一直以来，效益问题是卫生经济学的一个主要焦点，特别是社会效益。在医疗干预主要由政府出资主导的社会中，如果支持残疾人的终身费用高于基因技术向潜在家庭收取的费用（体外受精），那么技术相对容易得到政府系统的优先支持。类似的逻辑也适用于通过保险模式运作的私人医疗系统。不过，基于对不同人群进行生存成本评估必须建立在不影响伦理道德的前提下。一份有关基因编辑伦理的报告指出，这种方法是"优生学风潮的典范"，强调技术必须尊重伦理。

此外，还有一个不利因素需要重视。客观地说，生殖系统基因编辑可能会让治疗后的个体及其子孙摆脱沉重的经济负担。如此，也许会进一步加剧经济实力、社会地位的不平等。发展至后期，也许只有坐拥巨量财富的家庭才能为后代获得机会。同时，这些后代相比其他人更具有优势，包括健康状况方面、就业机会方面、医疗保险方面。

鉴于此，我们再次强调，基因编辑只能在遵守法律、行政法规和有关规定的前提下推进，不得危害人体健康，不得违背伦理道德，不得损害公共利益。

基修因改 是谁在定义残疾

谈及残疾时，人们通常倾向于残疾只有一个定义、一种看法。2010年，英国颁布的《平等法》定义，"残疾人士是指存在身体或精神障碍且会对日常活动能力产生'实质''长期'负面影响的人。"不过，这个定义具有局限性（至少不严谨），它没有考虑日常活动会受到工具技术的影响。比如，你有视力缺陷吗？没有眼镜，你能驾驶汽车安全行驶、自如地使用电脑吗？一些人会回答，"不能"。同时，他们不会认为自己是残疾人，因为通过技术手段他们完全可以融入正常的工作和生活，甚至引以为傲。

不过，如果你生活在一些极度贫困地区，视力低下也许会严重影响你的日常生活，因为矫正眼镜很难获得。

考虑到这些因素，我们对残疾的定义应该从严格的医学模式转向社会模式。在这种模式下，既要考虑个人身体因素，也要考虑社会环境也许会施加的障碍，这在实际生活中是常见的。伦敦的地铁系统只有不到25%的站点配备有无障碍通道；斯德哥尔摩的地铁系统的所有站点皆配有无障碍通道。在斯德哥尔摩旅行，你能经常看到轮椅使用者，伦敦则很少。便利的交通以及机会并不由残疾人决定，而是由大都市的基础设施决定。

由此可见，一些残疾问题可以被归入社会问题，而不是单纯的医学问题。那么，这对基因编辑有什么影响呢？约75%的严重先天性耳聋病例由单基因突变引起，多数病例由遗传引起，其父母的结合甚至带来了很多意外。当然，也有许多病例与遗传无关。

与其他大多数类型的残疾相比，失聪者较具有代表性。一定程度上，手语给他们带去了巨大的影响。与口语相似，手语在特定的群体中不断发展。今天，手语种类的数量尚不确切，也许有几百种。这些语言丰富多彩，形成了独特文化群体的标志和特征。

针对这个问题，基因编辑也许可以"纠正"致病基因以预防先天性耳聋。但是，耳聋与手语紧密相关，语言是一种文化符号，我们解决一个医学问题，却攻击了一种文化符号，这也许是我们需要考虑的问题。

分享一个反面案例，希望可以引起大家对伦理问题的尊重。2002年，美国的一对女同性恋夫妇决定生一个孩子。莎伦·杜切斯诺（Sharon Duchesneau）和坎迪·麦卡洛（Candy McCullough）请求朋友捐献精子且得到了朋友的同意。她们儿子的诞生掀起了巨大的伦理辩论风波。

莎伦·杜切斯诺和坎迪·麦卡洛都是听障者，捐精的朋友也是听障者且其家庭有五代人患有耳聋。这样的选择无疑增加了孩子耳聋的机会。一些人也许会说，科学上并不能确定其孩子100%耳聋。不过，相比选择听力正常的人捐献的精子，其孩子患耳聋的概率高太多。最后的事实是，她们的儿子天生失聪。

在接受《华盛顿邮报》采访时，她们辩解："这样的选择会使孩子以后成为更好的父母。"她们坚信自己可以更深度地理解孩子的生理、心理成长，为其提供更好的指导。她们还说："她们不认为耳聋是一种残疾，而是一种文化认同。"

这样的言论一经发布，支持和谴责随之而来。聋哑人和听力正常的人都对此发表了不同看法。这仿佛是个跷跷板，一边是定制的宝宝，一边是更易于沟通的正常宝宝（务实的选择），你会如何选择？

我想问一个问题，你们是否剥夺了孩子的选择，剥夺了他愉快融入社区的权利？此外，同性恋夫妇不宜提倡，有违伦理。

在基因编辑介入的领域，我们要寻求进步，使其能更好地服务于我们，但不能逾越红线。

7 主导权还在人类手中吗？

　　就致死人数而言，地球上最致命的动物是什么？这是酒吧智力测验和学校试卷中一个受欢迎的问题。通常，鲨鱼、狮子、蛇会以较高的频率出现在人们的答案中。尤其是蛇，全球每年有约10万人因蛇咬伤致死，只有几十人因鲨鱼和狮子的袭击致死。

　　不过，现实中对人类致死风险最高的也许是蚊子。每年约有75万人死于这种"小飞虫"。当然，与蛇、狮子和鲨鱼不同，蚊子本身并不是人类致死的直接原因——真正的风险在于它们传播疾病。

　　疾病并不影响蚊子，但随着它们的成长，携带的病毒和细菌会越来越多。只有雌性蚊子会传播疾病。当虫卵在雌性蚊子体内发育时，它需要充分的营养。营养的最佳来源是血液，不幸的是，一些蚊子的首选对象是人类。

　　第一阶段：当雌性蚊子从感染了病原体的人身上吸取血液时，它会将相关微生物作为食物的一部分摄入体内。这些病原微生物会在其体内繁殖生长，并在它的唾液腺中找到适宜的环境。

　　第二阶段：当它在另一个人身上吸取血液时，病原微生物会通过其唾液传播至人体。

　　因此，人类健康受到严峻的威胁。蚊子可以传播四种相关的疟原虫，它们能引起不同类型的疟疾。2016年，全球约有2.16亿个疟疾病例，直接导致了约44.5万人死亡。90%的死亡病例发生在撒哈拉以南的非洲地区。除了疟疾外，登革热也可以通过蚊子传播，全球约有1亿人感染过登革热，其中超过10万人发展为出血型登革热，特征是大量瘀伤和出血。5%的死亡病例因这种极端类型所致，数千人因此死亡。此外，黄热病毒、寨卡病毒也能通过蚊子传播（寨卡病毒还能通过性传播）。

研究人员面对类似的健康危机作出迅速反应。目前，预防寨卡病毒的疫苗已开始了临床试验。人们对疫苗充满了期待，但针对疟疾的疫苗却不乐观。经历了几十年的研究发现，研发疫苗预防疟疾是非常困难的。导致疟疾的疟原虫具有非常复杂的生命周期，处理它们非常棘手。因此，人们将控制疟疾传播的大部分努力集中在驱蚊灭蚊方向。比如一些相对简单的办法，用杀虫剂浸泡过的蚊帐罩床以保护人们休息，因为蚊子在夜间更活跃。

蚊子喜欢在温暖潮湿的环境中繁衍，它们会在积水中产卵。社区预防蚊媒传染病的方法通常是清理它们的繁殖地。

由于疟疾发病率不再下降，这些预防策略的效果已显疲态。造成这种情况有诸多原因——在一些贫困的地区开展持续有效的健康运动相对困难；一些冲突和战争会阻碍健康运动的发展。随着全球变暖，气温升高，蚊子及其疾病传播的范围将逐渐扩大。目前，亟需新方法来解决困局。

基修因改 "友好蚊子"

听起来，"友好蚊子"似乎是《饥饿的毛毛虫》的续作；实际上，它是一家名为Oxitec的英国生物技术公司研发的专利。"友好蚊子"是一种经基因编辑改造后的特定蚊子的专属名称，这种蚊子可以作为媒介传播登革热、寨卡和黄热病的病原体。

早在2002年，Oxitec公司就培育了他们的第一只"友好蚊子"。这些经基因编辑后的蚊子含有自杀基因。被激活时，这种自杀基因会干扰自身细胞的活动，最终导致死亡。幸运的是，该公司并未使用"自杀蚊子"这样的蠢名字，这样的名字无疑会为其推广带来自杀式影响。

Oxitec公司在实验室中繁殖这些"友好蚊子",产出了数百万只。在一些相关疾病暴发的地方,这些昆虫已被放归于野外。例如,人们在开曼群岛的特定地区释放了800万只。

放生的蚊子全是雄性。与普通雄性蚊子一样,它们在空中自由飞行并努力寻找匹配的雌性繁衍。如果它们成功了,其后代将携带自杀基因。随着基因的表达,致命毒素逐渐累积,它们的后代会在幼虫期或蛹期死亡。开曼群岛的测试结果令人满意——在野外,重复多次释放"友好蚊子",一个季度后的检测结果显示,虫卵数量下降了88%,携带病毒的蚊子数量下降了62%。

综合各方因素,这些基因编辑后的小虫子是不错的解决方案。除了自杀基因外,"友好蚊子"还会传递编码特定荧光蛋白的基因。相关领域的研究人员可以通过荧光来识别携带编辑基因的标本。自杀基因已作为正反馈的一部分被设计到了基因组中。一旦自杀基因被激活,它就会提高自身的表达,这意味着毒素会很快达到致死阈值。

该技术具有突破性的成功在于它解决了一个基本问题。一些人会问,"如果自杀基因是致命的,为什么雄性蚊子能顺利地活到成年并被释放到野外破坏其女朋友的母亲梦?"

答案是,培育百万只雄性蚊子的公司在进食中作了控制。他们将名为四环素的抗生素添加进雄性蚊子的食物中,自杀基因与四环素结合后会选择"关闭"。自然世界,不存在天然四环素,故自杀基因只会在雄性蚊子放归野外后"开启"。同时,此前蓄积的四环素存在持续作用,这为它们寻找雌性配偶并与之交配提供了时间。自杀基因遗传给后代,食物中没有四环素,后代必然死于自身的致命遗传。

这项技术非常值得赞赏。它可以减少化学杀虫剂的使用,杀虫剂的目标昆虫通常混杂不一。灭蚊运动中,杀虫剂很难准确有效地覆盖所有微小的蓄水池。这些麻烦不会影响基因编辑的雄性蚊子,从进化层面解决问题。Oxitec的技术只针对一种蚊子,因此不会影响其他不传播疾病的昆虫。在开曼群岛,实验蚊子并非当地的原始物种,它因人类行为而闯入。这项技术有自限性，被释放的雄性蚊子及其中毒的后代死亡，自杀基因也将消亡。显然，这有利于降低对生态系统的破坏。

基修因改 走向灭绝

随着最新基因编辑技术的发展，人们也许能设计出更先进的方法以控制蚊子和其他害虫。比起Oxitec公司的"友好蚊子"，新技术的开发也许能为我们提供更佳的帮助。

伦敦帝国理工学院（Imperial College）的研究为此创建了一个有趣的模型。该团队研究了一种撒哈拉以南的非洲地区尤为常见的蚊子，它是疟疾的主要携带者。利用基因编辑，他们创造了一些自然界中少见的奇怪的东西。本质上，他们颠覆了遗传学的基本原理。

与人类相似，蚊子的多数基因有2套拷贝，分别遗传自母亲和父亲。雄性蚊子产生精子时，每个精子的基因只携带1套拷贝，雌性在产卵时亦同。当卵细胞和精子融合形成受精卵后，后代的基因会恢复2套拷贝。

试想有1只雄性蚊子，我们称它为"随机"，有一组随机基因。假定"随机"基因能表达出两种颜色，如红色和黄色，每只嗡嗡作响的小虫只能有其中颜色之一。当"随机"产生精子时，一半含有表达红色的基因，一半含有表达黄色的基因。我们可以预测，"随机"后代一半继承红色，一半继承黄色。这是遗传平衡定律在起作用。

现在，假定"随机"基因中表达红色的相对罕见，10只蚊子只有1只携带1套红色拷贝。如果10只蚊子各有100只后代，则子代的1000只中只有50只拥有红色。表达红色的基因极可能在接下来的几代中长期远离高水平表达，因为它将被表达黄色的基因淹没。这仍然是遗传平衡定律在起作用。

基因遗传的概率类似于掷骰子，如果我们可以改变基因骰子的投掷，使上例中的表达红色的基因在每一代中都被偏向性遗传、高水平传播扩散。情况会如何？通常情况下，只有在携带表达红色基因的蚊子比携带表达黄色基因的蚊子具有更强的竞争优势时，此种情况才会发生。帝国理工学院团队正是在这里取得了成就。他们发现了一种方法，可以让特定基因偏向性选择关键基因中的某一拷贝。这意味着，他们能加快这种拷贝在蚊子种群中传播的速度，使其传播水平远超出平衡定律预测的水平。我们称这种现象为基因驱动。

科学家通过基因编辑将其变为现实。他们创造了一种蚊子，其关键基因的拷贝被巧妙地修改了。他们将一个完整的基因编辑盒引入蚊子特定基因的某一拷贝上。当蚊子繁殖时，它会将基因编辑盒传递给50%的后代。

基因编辑盒将在后代发育的某个确切时刻被激活。一旦激活，它会动手剪切源于另一名"家长"遗传的基因拷贝，然后将其转换为与自身相同的基因拷贝。本质上，如同将"随机"的表达黄色的基因转换成表达红色的基因。由此，产生的蚊子在初期可能携带红色或黄色中的任何基因，但随后，它们会越来越倾向于红色。

一旦发生这种情况，相比预期，关键基因经编辑后的拷贝会在蚊子种群中具有更高水平表达。基因驱动就此开始。

研究人员还想出了新的突破。该团队设计了一种基因驱动方案，此次驱动的基因名为doublesex基因。携带一个正常基因与一个驱动基因的蚊子可以正常生长。不过，携带两个驱动基因，事情就会向着奇怪的方向发展——50%的蚊子会长成身强体壮且具有繁殖能力的雄性；50%的蚊子会变成携带两性生殖器官的怪物雌性，后者不产卵、不孕。因为不产卵，所以它们不需要以血液为食，疾病传播的危险得到降低。

因此，此类基因编辑的变种在控制蚊子种群方面益处颇多。变种雌性不以血液为食且不孕，变种雌性的不孕症在种群中的传播速度远高于正常雌性。

研究团队建立了蚊子繁殖群体模型，其中包含300只正常雄性，150只正常雌性和150只特殊的雄性，这些特殊雄性携带一个正常性别基因与一个驱动基因（doublesex基因）。通过数学模型预测，驱动基因的传播及其对生育力的影响将导致该群体在第9代至第13代后灭绝。经过多次重复独立的试验，实际结果均在数学预测范围内。

在自然界，这种戏剧性的结果也许不会百分百地出现。也许，只携带一个驱动基因的蚊子存在不为人知的弱点；也许，这种弱点只在复杂的竞争环境中才会暴露。目前，广泛的野外试验仍在进行，也许这些方法能在未来真正用于实际。

基因 修改 "可能"意味着"应该"吗？

利用基因驱动消灭蚊子是在生态系统层面进行科学干预的研究案例。令人担忧的是，以这种方式控制有害物种的尝试经常会带来不可预测的后果。

20世纪40—70年代，杀虫剂DDT的滥用破坏了生态环境。DDT毒性复杂，杀死了多种昆虫，灾难性地破坏了食物链，导致一些鸟类种群灭绝，尤其是鸟类种群食物链顶端的猛禽。

最近的研究发现，烟碱类杀虫剂与蜜蜂等传粉昆虫数量大幅下降相关。现在，欧洲食品安全局已对此类化合物进行了严格管控。

当我们将化合物引入环境，造成问题的不仅限于化合物本体。1935年，3 000只甘蔗蟾蜍放生到澳大利亚，以消灭危害甘蔗作物的甘蔗甲虫。甘蔗蟾蜍原产于南美洲，但它们在新家也混得风生水起。这也带来了麻烦，甘蔗蟾蜍的毒性有效于任何以之为食的动物——除了甘蔗甲虫，甘蔗蟾蜍还对澳大利亚大量的无脊椎动物充满兴趣。现在，澳大利亚有数百万甘蔗蟾蜍，它们正在对脆弱而独特的生态系统造成破坏。

当然，也有许多颇有成效的例子。在澳大利亚，外来物种梨果仙人掌在当地泛滥成灾。为此，当地引入了一种以仙人掌叶为食的飞蛾，使仙人掌猖獗肆虐的局面得以控制。20世纪中期，美国有近50英亩的农田被圣约翰草侵占。幸得从澳大利亚引进了甲虫，使问题得到了解决。

不能高兴得太早，一些问题并未得到彻底解决。细心的读者也许会发现，我们只有在干预介入之后才能全面了解生态系统层面的后果。思考一下，基因编辑用于消灭蚊子种群是否会带来别的问题——蜻蜓和蝙蝠等捕食者的数量会大幅下降吗？其他种类的蚊子或其他昆虫会因此得到更好的生存空间，从而带来其他疾病的传播吗？事实上，一些种类的蝙蝠是重要的植物传粉者（龙舌兰依靠蝙蝠传粉）。蝙蝠种群的混乱也许会对重要的粮食作物产生意想不到的连锁效应。

当然，人们对此的态度还受生活场所和常见疾病的影响。显然，蝙蝠数量骤降给温带地区的居民带去的麻烦大于疟疾给热带地区的居民带去的苦恼。

通过基因编辑实现的基因驱动技术的吸引力在于，一次引入即能在群体中迅速传播，这也是一些资助者看好该领域的原因。比尔和梅琳达·盖茨基金会在这一技术上投入了0.75亿美元，美国国防部高级研究计划局（简称DARPA）投入了1亿美元。

不过，基因驱动方法的快速传播性和可持续性也是我们担心的焦点。一旦进入野外，将基因编辑过的蚊子重新收回试管的可能几乎为零。

赶走毛茸茸的朋友或者敌人

人类往往会在无意中破坏生态环境。我们对周遭的一切充满好奇，我们总是痴迷于环顾下一个转角，跨越下一个河流弯道，超越地平线之上。人类的历史是游历和探索的历史，我们鲜于在探索之路上独自前行，啮齿类动物经常在我们的船只上偷渡，并在全球以可怕的速度繁衍。

偏远地区易于遭受外来物种的入侵。这些地区的原住动物（尤其是岛屿上的动物）鲜于进化出防御行为或其他方面的能力以对抗入侵。一次又一次地，岛屿上的原住动物遭到哺乳动物的入侵。偏远的苏格兰希恩特群岛上大量的海鸟正遭受老鼠的捕食。现在，人们利用老鼠难以抗拒的巧克力粉和花生酱将其引诱至陷阱，这种低技术手段让鼠患得以控制。4年来，大量的空投毒饵终于令南乔治亚岛上的老鼠绝迹，这些老鼠曾给当地的鸟群带去了严重的麻烦，包括岛上两种珍稀的鸟类品种。

虽然投毒和诱捕等传统方法的确取得了一些成功，但在一些情况下仍然具有局限性。传统方法更适用于偏远区域，能尽量降低原住民遭受毒饵的误伤。在更广泛的其他区域，我们需要更安全的替代技术。

显然，研究人员很快认识到基因编辑将以前所未有的速度参与进来。加州大学圣地亚哥分校的研究团队利用基因编辑设计含有基因驱动机制的实验小鼠。他们并未进行致死性基因驱动的研究，而是希望设计出能改变老鼠皮毛颜色的基因驱动。如果基因驱动作用达到预期，群体中的小白鼠数量将逐渐高于未编辑的群体。

实验中，小白鼠并没有在鼠群中迅速传播。小白鼠的数量远低于预期，这令科学家感到沮丧。该基因驱动实验未出现之前基因驱动实验（蚊子）中的传播速度。在雄鼠群体内的传播表现得尤为糟糕，这说明在精子的生成过程中存在障碍。研究者得出结论："由此看来，在基因驱动用于减少野外入侵（啮齿动物）的研究方向上，人们表现出的一切态度都为时过早，无论乐观还是担忧。"

未来，基因驱动控制入侵物种的尝试仍会继续。新的基因编辑技术也许会越来越精准，不断增进该领域的研究。针对如何解决生物入侵的问题，各地迭代的政治主张也会带来新的尝试。新西兰发起了一项名为"无捕食者2050"的倡议，目标是"消除新西兰最具破坏性的入侵捕食者：老鼠、白鼬、负鼠"。目前采用的手段是诱捕以及其他传统方法。

你也许已经注意到，有一种动物已从新西兰捕食者动物名单中消失了。新西兰大约有150万只猫，这些猫给环境带去了较大的影响。美国的一项研究表明，全球散养的猫每年会杀死数十亿的猎物。多数情况下，政府机构试图限制猫的数量会遭到强烈的反对，甚至遭遇强烈的阻力。在虫害控制上，希望我们可以想到更好的办法，让我们和其他生物和谐共生。

8   向前奔跑吧，无论风朝哪边吹

新基因编辑技术在基础科学中影响深远的原因之一是它们可以便捷地应用于多物种。以前的技术和方法很难达到这种程度，因为它们需要专用的分子试剂，甚至细分到单个物种。如果研究对象是不寻常的动物或植物，他们需要的研究时间更长。新技术也许能发起一场革命。借助于简单的分子试剂，物种研究也许能得到快速推进，由好奇心驱动的研究也许能获得意外的收获。

基修 因改 蝴蝶构想

鳞翅目昆虫在全世界有约20万种，其中约10%是蝶类，约90%是蛾类。在投票中，蝴蝶和瓢虫一起出现在公众喜欢的昆虫名单。蝴蝶很难令人讨厌——不咬人、不破坏庄稼（至少在成年阶段不会），多数拥有美丽的外观。现实世界，我们可以通过蝴蝶翅膀的图案和颜色去分辨大量的蝴蝶种类。这也引发了一个古怪的问题——鳞翅目昆虫几乎共享着相似的基因，为何会出现如此巨大的外观差异？由于在蝴蝶身上进行基因实验非常困难，所以寻求答案之路充满阻力。不过，随着最新一代便捷的基因编辑技术的出现，一切都发生了变化。

美国康奈尔大学的研究团队致力于与蝴蝶翅膀颜色图案形成有关的特定基因的研究，并最终发现了这个基因。而后，研究人员在基因的测试性实验中遇到了困难。随着新的基因编辑技术的出现，难题解开了，致力于鳞翅目研究的动物学家也从中受益。

研究人员使用新技术破坏了四种蝴蝶的基因表达。由此产生的蝴蝶翅膀失去了红色，取而代之的是黑色。科学家推断，他们正在研究的基因起着"开关"的作用，控制着蝴蝶的细胞是产生彩色色素还是黑色色素。他们在6 000万年前开始分化的不同种类的蝴蝶身上发现了一致的结果，这表明翅膀是彩色或是深色的控制是一个非常基础的体系。

对多种物种的研究发现，基因修饰实验揭示这种基因还有其他作用。19世纪，蝴蝶比蜻蜓等其他同样色彩斑斓的昆虫更受收藏家欢迎，这是由色彩产生的方式决定的。蜻蜓明亮如宝石般的颜色通常由细胞中特定的蛋白质产生的色素决定。蜻蜓死后，蛋白质分解，机体的颜色变淡，原本光鲜亮丽的昆虫失去了颜色。一些种类的蝴蝶同样如此，它们被制成标本后出现褪色现象，就像在明亮的阳光下褪色的一幅画。

不过，一些引人注目的蝴蝶以不同的方式创造色彩——不依靠色素，它们翅膀上鳞片的物理结构非常复杂。这些物理结构影响了鳞片与光的相互作用，使光折射进而产生了令人惊叹的颜色，如色彩鲜艳的蓝闪蝶。它是结构着色的典型例子，其色彩取决于鳞片的物理结构而非色素，因此死后不会褪色。100多年前，博物馆就开始收藏彩虹蝴蝶标本，其颜色明亮、生动，与被网捕后制成标本的那天一样。因此，它们备受收藏家的推崇。

康奈尔大学的研究团队发现，研究对象中的一种蝴蝶经基因修饰后并非简单地引起蝴蝶从彩色到黑色的转变。对此，他们非常惊讶。实验显示，眼形斑翅蝴蝶翅膀上的棕色和黄色被明亮的闪蓝色取代，这超出了人们的预料。这个结果表明目标基因通常有两种作用——抑制黑色素的产生、阻止形成闪蓝色的结构出现。

在亲缘关系密切的物种中，为何破坏某一基因的表达会产生如此显著的不同？一种可能的解释是目标基因控制着多个其他基因，这些基因共同影响着不同蝴蝶的颜色。此后，研究人员检验了正常蝴蝶和改良蝴蝶中哪些基因具有活性，并确定了可能导致最终结果的各个候选基因。

不过，他们无法验证更进一步的假设。

也许，你花了半辈子的时间等待一篇蝴蝶分子遗传学论文的发表。凑巧，你的论文发表后，第二篇论文接踵而至。两篇文章发表在同一期刊，第二篇论文由美国和英国七所不同大学的生物学家联合撰写。他们研究的基因与康奈尔大学团队研究的基因不同。他们用基因编辑技术研究蝴蝶的翅膀图案和颜色，用最新技术灭活了七种不同种类蝴蝶的相关基因。观察蝴蝶翅膀图案发生的变化，研究者得出结论，"在某一物种中，这种基因负责翅膀不同区域的图案，因而创造了条纹、大小斑点的特殊设计。"在某篇优秀的评论中，一位资深作者将这种基因描述为一种绘制翅膀图案的素描工具，将康奈尔大学研究团队分析的基因描述为填充颜色的画笔。

评论提出，素描基因是物种之间天然形成的不同复杂图案的原因。因此，目标基因在不同物种中的作用存在细微差异，也许是它影响着的其他基因产生了微妙的不同。这种相互作用的细微差异模型与进化论相一致。支持者认为，物种间的巨大差异是由相互作用的基因组中的微妙变化所驱动。

两篇论文中的数据引起了大众的广泛兴趣，因为几乎所有人都是蝴蝶的粉丝。同时，这项工作也给进化生物学家以鼓舞，它有助于解释昆虫世界中惊人的物种多样性。现在，各种实验变得可行且迅速，令人振奋，也令人震惊。如一位资深作者在一份既兴奋又有些语无伦次的声明中的话，"这是我多年前梦寐以求的实验，这是我职业生涯中最具挑战性的任务。一夜之间，它变成了大学本科的普及项目"。

基因 修改 蝾螈的秘密

美西蝾螈是一种可爱的生物。看着它，你会感到情不自禁的快乐。它是两栖动物，蝾螈家族的一员，长着一张似乎总在微笑的脸。虽然是想象中的微笑，但仍然令人愉悦。

美西蝾螈的处境很特别，一方面它处于极度濒危状态，一方面却有数百万只存活于地球。它在野外几乎灭绝，但在圈养中茁壮成长。作为宠物的它们可爱且易于饲养也许是其存活量多的原因之一。相比人类，它们拥有奇迹般的再生能力且流行于科学家的实验室也许是原因之二。

人类失去了小脚趾、耳垂、鼻尖，几乎意味着永远失去。一只蝾螈失去了一整条腿丝毫不必紧张，它可以在大约45天内再生。任何哺乳动物或鸟类都无法做到。出于好奇和医疗发展，我们很想知道可爱的蝾螈是如何拥有再生能力的；我们很想知道这种能力是否可以为我们提供帮助。由于人口老龄化，再生医学已逐渐成为一个备受关注的领域。随着人类寿命的增长，我们的许多组织器官并未进化出与寿命相匹配的待机时间。

再生医学并不是让我们长出新的四肢，而是改善某些出现衰减的功能。我们希望能在非手术干预的情况下改善咯吱作响的膝盖、疼痛的臀部、患上关节炎的手指。也许，我们可以通过刺激软骨和骨骼等疲劳组织获得改善；也许，我们可以从美西蝾螈的再生天赋中获得启发。

新的基因编辑技术再显神威，帮助科学家充分分析美西蝾螈。利用该技术，改变美西蝾螈的DNA变得轻松，再生过程中的关键基因的研究也成为可能。此外，新技术有助于美西蝾螈产出较大的卵，基因编辑试剂可以在第一时间较容易地引入。得益于此技术，研究人员发现了在选定的细胞群体中某个特定的基因在美西蝾螈再生肢体（重塑肌肉）时发挥了关键作用。

人们并不指望这些实验能转化为可以帮助人体实现肢体再生。毕竟，现实生活并不存在《蜘蛛侠》中的情景。但美西蝾螈在严重损伤后可以恢复脊髓，这对再生医学很有吸引力。

人们用新技术探究特定基因在蝾螈脊髓再生中的重要作用。期待蝾螈修复脊髓这种重要组织的解密，探寻哪些步骤的不同和哪些运行的不同致使人类不能修复。也许，我们能够利用类似的基因修饰技术帮助创伤患者的神经细胞及其相关组织恢复功能。

人类脊髓中几毫米的间隙就能导致终身瘫痪和残疾，希望我们能在未来取得更多的突破。

基修因改 **当莎莉遇见莎莉，哈里遇见哈里**

子代的诞生通常需要雄性提供精子、雌性提供卵细胞。该过程可以在传统方式下进行，也可以在试管实验室中培育胚胎再植入雌性子宫。无论途径如何改变，一个精子和一个卵细胞的必备条件永不改变，这是毋庸置疑的。

"毋庸置疑"是科学界最具挑衅意味的词之一。一些时候，科学领域被问及"为什么"时，通常有两种回答。第一种回答是"因为……"，这通常被认为是没有帮助的废话；第二种回答是"我不知道，但我会证明……"，这通常更有用。（一般，只有少数人会这样回答，找到一种方法以论证他们的主张。）

20世纪80年代，剑桥大学的阿齐姆·苏拉尼（Azim Surani）就是选择第二种回答的人之一。他安静、低声细语，他彻底颠覆了我们对哺乳动物繁殖的认知。苏拉尼教授的研究课题是"为什么哺乳动物只在精子和卵细胞都参与的前提下进行繁殖"。毕竟，许多其他动物并不需要这样的前提，从竹节虫到科莫多巨蜥。它们的雌性在没有雄性的情况下仍然可以生育后代。那么，哺乳动物因何而特别呢？

为了揭开谜底，苏拉尼教授设计了一个精妙简洁的实验以探究真相。苏拉尼教授使用小鼠进行试管婴儿实验——第一步，获得小鼠的卵细胞并取出细胞核；第二步，将其他细胞核注射到已取出细胞核的"空"卵中。在第一组"空"卵中，他注射了两个卵细胞的细胞核；在第二组"空"卵中，他注射了两个精子的细胞核；在第三组"空"卵中，他分别注射了一个卵细胞的细胞核和一个精子的细胞核。接下来，

77

他人工培育这些卵细胞。

在三组"空"卵中，两个细胞核都能有效地融合。苏拉尼教授将发育中的胚胎植入雌性小鼠体内，每只雌性只植入一种类型的胚胎。有精子和卵细胞共同参与的胚胎在母鼠体内正常生长，最终长成了健康的幼鼠；只有精子参与的胚胎或只有卵细胞参与的胚胎胎死腹中。苏拉尼教授从雌性体内取回这些胚胎时，他发现有些胚胎已经发育了，但发育异常。

一些人会认为，这个实验只是印证了我们已知的结论——哺乳动物需要卵细胞和精子共同参与才能繁殖。但实验中有个巧妙设置的小细节会为我们带来有趣的惊喜。几十年来，由于广泛且严格控制的近亲繁殖计划，基因相同的小鼠早已被人们发现。苏拉尼教授在实验中利用了这个发现，他选用了基因完全相同的小鼠用于前述三组"空"卵。如此，卵子细胞核中的DNA与精子细胞核中的DNA完全相同。只看基因层面，三种情况的条件没有任何差异，但结果完全不同。

显然，苏拉尼教授证明了哺乳动物的繁殖还依赖于DNA以外的其他物质的遗传。他提供了初步证据，证明这种其他物质是对DNA的一系列化学修饰，被称为表观遗传修饰。在基因组的某些关键位置，DNA被这些化学修饰差异化标记，标记的区别取决于该基因组是从卵子还是从精子中继承。恰如其分的平衡在此刻显得尤为重要。在有两个卵细胞的细胞核或两个精子细胞核的实验情况下，平衡被打破，胚胎发育异常。

这也是科莫多巨蜥以及其他单性生殖生物能在未受精的情况下繁殖的原因之一。这些化学修饰在约100个关键区域对包括人类在内的所有胎盘类哺乳动物非常重要。

2018年，北京的一个团队利用最新基因编辑技术打破了小鼠的生殖屏障并引起了媒体对该领域的广泛关注。他们能够从小鼠的基因组中去除特定区域，这些区域通常会携带附加的表观遗传信息。得益于他们剔除的区域，他们成功创造出有两个母亲或两个父亲的老鼠幼崽。有两个遗传学母亲的幼崽甚至能发育成熟并繁育后代，但有两个遗传学父亲的幼崽未能活到成年。

尽管结果令人称奇,但采取的方法并不复杂。基因编辑用于剔除基因组中的通常携带关键的表观遗传信息的大片区域。研究人员的大量工作涉及对关键区域的寻找和确定,即使这些关键区域的基因信息及表观遗传信息大规模缺失,生物体也能发育。

更深入的方法是用最新的基因编辑技术改变表观遗传信息,同时保持原生DNA序列的完整性。目前,此领域尚处于起步阶段,但已取得了一些进展。未来,也许会有实质性的进步——了解表观遗传修饰如何对基因组产生精确的影响;了解表观遗传修饰与环境的相互作用。

再次强调,这并不意味着可以将基因编辑应用于人类试管婴儿的单性生殖。安全性、伦理性、有效性的底线不可触碰。

9 名与利

出于各种理由，政府会对科学研究投入资金。从积极意义出发，科学是人类的伟大文明成果之一。不过，政府的投资也期望回报，他们希望自己的冒险能带来正面影响。举几个经典的例子，通过公共卫生方案提高公民的福祉，保障粮食供应确保全球稳定性，提高再生能源利用率减缓气候变化。

此外，政府也期待他们的科研投资能取得经济上的回报。他们乐于看到自己资助的课题转化为商业成果——为科研机构创造现金流，在理想状态下孵化出创业公司，招揽高端技术人才，逐渐发展壮大，刺激经济增长。

通常，投资者很难预测科研投资是否能带来直接的经济效益。位于加州的斯坦福大学是全世界成功取得过较高投资回报率的学术机构之一。将研究人员获得的知识产权授权给商家是他们的商业模式之一。简单地说，公司希望通过他们的技术赚钱，需向斯坦福大学支付专利费用。当然，现实情况是，大多数知识产权并不必然能为商业产品带来帮助。斯坦福大学授予的约70%的授权几乎没有带来收入。考虑以上因素，在新兴科技的赌局里，下一个赢家很难预测。

不过，横空出世的新技术也许会成为变革者，蕴含巨大的经济潜力。基因编辑就是这样的革新派。它的应用范围广泛，从基础研究到创造有价值的动植物新物种。因此，它不可避免地吸引了商业目光。目前，基因编辑已为一些公司实现了盈利。遗憾的是，这些公司是律师事务所。

基修因改 法院见

专利数据库的搜索显示，涉及基因编辑的文献至少有 2 000 份，它们涵盖了基于原始技术的广泛修改和改进。其中，有两个系列的专利引起了较大的纠纷。

2012 年 6 月，沙尔庞捷和道德纳发表了著作，她们利用复合导向分子将其开发的基因编辑系统在试管中运行，不仅局限于细菌。她们在加州伯克利大学和维也纳大学（University of Vienna）的投资人在 2012 年 5 月就提交了专利保护申请。

2013 年 2 月，位于美国马萨诸塞州剑桥市的博德研究所的张锋发表了他的关于基因编辑发生于细胞核内的论文。他的投资人在 2012 年 12 月提交了专利申请。

看起来，一切都风平浪静。毫无疑问，沙尔庞捷和道德纳是第一个发表和提交专利申请的人。通常，专利申请获批的制度类似于"领先者当选制"，专利授予最先申请者。

但事情并未如此发展。

博德研究所的专利申请因付费给美国专利商标局而走了"绿色通道"，专利申请于 2014 年 4 月获批。此时，加州伯克利大学和维也纳大学在 2012 年 5 月提交的申请仍在走程序。众多知情者对美国专利商标局批准了博德研究所的专利申请感到惊讶。

显然，两个专利申请之间的纠纷在所难免。

沙尔庞捷和道德纳所在的大学提出了强烈的谴责。核心不在于竞争对手的申请获得加速审批，他们提出美国专利商标局犯了"显而易见"的错误，反对授予博德研究所专利。假设 A 发明了一种新型的锁具，且提交了一份专利申请，包括设计锁的方法以及适用范围（房屋门、公寓门、马厩门、谷仓门）。此时，B 在 A 的发明基础上进行了微调，使其适用范围扩展至库房门，且提交了专利申请。那么，专利审批部门大概率会批准A提交的申请，因为B是在A的原始发明的基础上进行的"显而易见"的拓展。对于任何的"专业人士"（如发明、安装锁具的人士），B只是A的原始发明的一次显著的实际应用，不应获批。

加州伯克利大学和维也纳大学认为，沙尔庞捷和道德纳已经设定了所有的关键步骤，张锋只是应用了这些步骤并将其进行了一定的拓展，并未做出创造性的发明。美国专利审查与上诉委员驳回了他们的观点。2017年，法院裁定张锋的专利有足够的差异性和创造性，沙尔庞捷和道德纳的原始专利申请并未覆盖或隐含张锋的专利，两项专利不存在冲突。2018年9月，美国上诉法庭维持了这一裁决。

这给加州伯克利大学和维也纳大学以重大打击。博德研究所提交的张锋的专利包含了在所有有核细胞中使用基因编辑的权利，这为他们创造经济价值开辟了通道。

争论并未因裁决而终结。欧洲专利局裁决反对博德研究所的专利案，部分原因指向发明权的荒诞。博德研究所最初提出的专利申请还有一位共同发明者，罗切斯特大学（University of Rochester）的卢恰诺·马拉菲尼（Luciano Marraffini）。马拉菲尼在后续的专利申请中遭到除名，由此引发了两个后果。其一，罗切斯特大学提出了自己的专利申请。也许是向博德研究所施压，要求能分享专利带来的经济利益（最终，两个机构达成了庭外和解）。其二，欧洲专利局对发明人的变动持反对态度，他们认为发明人的变动意味着原始申请日期失效。截止到博德研究所提交后续的专利申请时，更多的相关研究文章获得发表。根据欧洲的相关法律，发明物公开使用后不能再申请专利。

现在，我们处于混沌局面：作为支撑生物医学发展最具革命性的发明之一，有关基因编辑方法的知识产权在不同地域有着不同的产权认知。也许未来很长一段时间，由此引起的混乱局面将层出不穷。

基因编辑始于2012年，为何我们对它信心十足？其中一个明显的表现是，各个关键团队在基础专利上花费了高达数千万美元的资金。另一个明显的表现是，数十亿美元的资金已投入到相关龙头公司用于基因编辑的开发。

基因修改 前景

　　道德纳、沙尔庞捷和张锋无疑是基因编辑界的名人。他们曾联合商讨以某种形式共同创办公司，但合作未能长久。三位科学家因合作的失败而对后续联手充满谨慎。后来，他们分别加入了自己参与创立的独立的基因编辑公司。今天，这三家公司都是基因编辑领域的领先公司——道德纳是 Caribou Biosciences 公司的联合创始人，公司总部位于加利福尼亚州伯克利市；沙尔庞捷是 CRISPR Therapeutics 公司的联合创始人，公司总部位于瑞士，主研业务在美国马萨诸塞州剑桥市；张锋是 Editas Medicine 公司的联合创始人，公司位于马萨诸塞州剑桥市。

　　这些公司资金充足，市值很高。目前，张锋的公司和沙尔庞捷的公司都在美国证券交易所上市，前者市值12亿美元，后者市值26亿美元。考虑这些公司并未实际销售任何产品（研究试剂除外），其市值相当惊人。

　　这些公司不仅与基因编辑领域的顶尖科学家密切联系，他们还可以获得包括从有争议的专利中创造的知识产权。张锋的公司为博德研究所专利战的诉讼费买单。道德纳的公司向加州伯克利大学差额报销诉讼费。

　　张锋的公司与博德研究所达成了战略协议。该公司承诺为博德研究所提供高达1.25亿美元的科研资金，同时该公司将获得博德研究所基因编辑新发明的优先权。这是一笔巨款，它不一定能带来预期的成果，也不一定能确保出产品。但可以肯定的是，类似的科研合作还会继续出现。

_{基修因改} 名声

专利是受一系列法律保护的法律文书，但它仍需依赖于人们对其的解释。例如，定义一项新的权利主张是否真正代表了一项创造性发明，或者，它只比类似发明多了一点创新。专利在某些方面很简单，如其归属通常取决于提交时间的先后。在大多数管辖区，优先提交专利申请是获得知识产权保护的重要因素。两位独立发明人提交了相似发明的专利申请，通常保护先提交者，即便只相差一天。

金钱绝非关键元素。没有人讨厌金钱，科学家们也一样，但金钱绝不会成为他们的主要动因。现实中，除了薪水，科学家很少能从其他地方获取钱。在科学家眼中，新成就带来的满足感、同行的认可是他们的主要动因。

一个行业迅速发展时，很难辨明涌现出的新成果的先后顺序，基因编辑也如此。基因编辑最初始于与细菌防御系统相关的基础科学研究，当时的发展非常缓慢。当热衷于改变基因组的研究人员意识到其中的潜能时，基因编辑的发展走上了快车道。

《细胞》（Cell）杂志立项寻找合适者梳理基因编辑这项变革性技术的历史，旨在向世人澄清基因编辑的发展时序。《细胞》是世界范围内生物科学的领军期刊，它主要发表高度原创的重要的新研究，也刊登重要的评论。学术界并不惊讶于《细胞》刊载了一篇有关基因编辑历史的评论文章，杂志向文笔出众的著名科学家约稿是常事。引发争议的是，为《细胞》撰写文章的人是博德研究所的主席兼创始人。是的，博德研究所，专利纠纷的风暴中心。

埃里克·兰德（Eric Lander）是撰文的作者，他在遗传学领域有着卓越的贡献且文笔流畅。但他的文章《CRISPR的英雄们》却让自己成为众矢之的。有人将其比作希腊悲剧中的角色，"唯一能伤害兰德的人只有他自己，他刀枪不入。"这样的讽刺评论出自兰德在博德研究所的同事，另一位基因编辑的先驱——乔治·丘奇。

兰德的文章引起了广泛的不满。人们普遍认为，这篇文章试图淡化道德纳和沙尔庞捷的贡献，夸大了张锋对基因编辑技术进步的重要性。正如乔治·丘奇的话，"通常情况下，我不会对这些错误吹毛求疵。但当我看到他们（兰德和《细胞》）未给予年轻人、辛勤工作的人，以及沙尔庞捷和道德纳客观的评价时，我只想说：'不，我必须纠正这个错误。'"

兰德为立陶宛维尔纽斯大学的维尔吉尼尤斯·斯克斯尼斯（Virginijus Šikšnys）教授工作了很长时间，后者与道德纳和沙尔庞捷的研究课题类似。2012年4月，斯克斯尼斯提交了自己的研究论文，但遭到了《细胞》杂志的退稿。2012年9月，该论文的简本在另一份期刊上发表。2012年6月8日，道德纳和沙尔庞捷向世界领先期刊《科学》杂志提交了论文，论文在6月28日发表。对比兰德、道德纳和沙尔庞捷提出的观点，后者的博弈能力更强，似乎更有优势。不过，斯克斯尼斯的原稿未能登上《细胞》的真实原因不得而知。

撰写本文时，博德研究所在与加州伯克利大学和维也纳大学的专利战中取得了胜利。然而，在非正式的场合，科学舆论的偏向恰好相反。道德纳和沙尔庞捷在同行支持率上领先于张锋。2018年，她们与维尔吉尼尤斯·斯克斯尼斯共同分享了卡夫里奖的100万美元奖金。2015年，道德纳和沙尔庞捷同时获得了"生命科学突破奖"，并在同年获得了格鲁伯遗传学奖。当然，张锋也作出了贡献。2016年，他与两位女性一起分享了盖尔德纳奖，三人还一起获得了其他奖项。

如何才能成为"大人物"？对基因编辑领域而言，诺贝尔奖只是时间问题，而不是是否获奖的问题。道德纳和沙尔庞捷的呼声相对更高。第三人会是谁？张锋还是维尔吉尼尤斯·斯克斯尼斯？或者别人？现在的预测还为时过早。2012年，山中伸弥（Shinya Yamanaka）因2006年发表的作品而获得诺贝尔生理学或医学奖。诺贝尔委员会的评奖方式较为特别，他们可以等待数十年时间，直至达成共识。不过，诺贝尔奖原则上不授予过世者。我想，道德纳和沙尔庞捷也许还有机会。

基修因改 何去何从

基因编辑革命涌现了一系列技术，几乎所有半信半疑的科学家都能用它去发现有趣的事物。一方面，我们为此兴奋，既能解决问题又能满足好奇心；另一方面，我们为此担忧，米开朗基罗（Michelangelo）用凿子和木槌创作了举世罕见的精美的雕塑，但沉重且锋利的工具也许会带来灾难。

一些负面作用不得不考虑，基因编辑不能用于生物武器，将良性细菌转化为对动植物具有高度危险的细菌。针对类似的说法，科学家坚决反对。

科学家提出，我们只能将其用于减轻人类的痛苦。用我们的智慧将人类这个规模庞大的物种对地球的影响降至最低。地球必须受到保护，因为它是我们所知的宇宙中唯一支持复杂生命共同生存的星球。我们应该妥善地发展并使用基因编辑，为所有人创造一个安全、平等的世界！

50年前，基因工程诞生，科学家带领我们走进了合成生物学时代。今天，转基因正迅速被一种名为基因编辑的新系统取代。在这个新系统中，科学家可以精确、轻松、快速地编辑基因，这是曾经的我们梦寐以求的技术。

杰出的分子生物学专家凯里教授为我们讲述基因编辑的故事。从原理到技术，从实验到应用，分享了新技术如何突破传统育种会遇到的困难，使原核生物与真核生物之间、动物与植物之间的遗传信息进行重组和转移。

内莎·凯里，英国伦敦帝国学院客座教授，免疫学学士、病毒学博士、人类遗传学博士后和分子生物学教授。她在生物技术和制药领域工作了13年，研究表观遗传学长达20年，复合型的学术背景使其比普通专攻一门的研究者具有更广泛的视界，从女性视角观察和描述问题使其著作更加细腻且易于理解。

门外汉都能读懂的世界科学名著。在学者的陪同下，作一次奇妙的科学之旅。他们的见解可将我们的想象力推向极限！

1	平行宇宙（新版）	〔美〕加来道雄	43.80元
2	超空间	〔美〕加来道雄	59.80元
3	物理学的未来	〔美〕加来道雄	53.80元
4	心灵的未来	〔美〕加来道雄	48.80元
5	超弦论	〔美〕加来道雄	39.80元
6	宇宙方程	〔美〕加来道雄	49.80元
7	量子计算	〔英〕布莱恩·克莱格	49.80元
8	量子时代	〔英〕布莱恩·克莱格	45.80元
9	十大物理学家	〔英〕布莱恩·克莱格	39.80元
10	构造时间机器	〔英〕布莱恩·克莱格	39.80元
11	科学大浩劫	〔英〕布莱恩·克莱格	45.00元
12	超感官	〔英〕布莱恩·克莱格	45.00元
13	麦克斯韦妖	〔英〕布莱恩·克莱格	49.80元
14	宇宙相对论	〔英〕布莱恩·克莱格	56.00元
15	量子宇宙	〔英〕布莱恩·考克斯等	32.80元
16	生物中心主义	〔美〕罗伯特·兰札等	32.80元
17	终极理论（第二版）	〔加〕马克·麦卡琴	57.80元
18	遗传的革命	〔英〕内莎·凯里	39.80元
19	垃圾DNA	〔英〕内莎·凯里	39.80元
20	修改基因	〔英〕内莎·凯里	45.80元
21	量子理论	〔英〕曼吉特·库马尔	55.80元
22	达尔文的黑匣子	〔美〕迈克尔·J.贝希	42.80元
23	行走零度（修订版）	〔美〕切特·雷莫	32.80元
24	领悟我们的宇宙（彩版）	〔美〕斯泰茜·帕伦等	168.00元
25	达尔文的疑问	〔美〕斯蒂芬·迈耶	59.80元
26	物种之神	〔南非〕迈克尔·特林格	59.80元
27	失落的非洲寺庙（彩版）	〔南非〕迈克尔·特林格	88.00元
28	抑癌基因	〔英〕休·阿姆斯特朗	39.80元
29	暴力解剖	〔英〕阿德里安·雷恩	68.80元
30	奇异宇宙与时间现实	〔美〕李·斯莫林等	59.80元
31	机器消灭秘密	〔美〕安迪·格林伯格	49.80元
32	量子创造力	〔美〕阿米特·哥斯瓦米	39.80元
33	宇宙探索	〔美〕尼尔·德格拉斯·泰森	45.00元
34	不确定的边缘	〔英〕迈克尔·布鲁克斯	42.80元
35	自由基	〔英〕迈克尔·布鲁克斯	42.80元
36	未来科技的13个密码	〔英〕迈克尔·布鲁克斯	45.80元
37	阿尔茨海默症有救了	〔美〕玛丽·T.纽波特	65.80元
38	血液礼赞	〔英〕罗丝·乔治	预估49.80元
39	语言、认知和人体本性	〔美〕史蒂芬·平克	预估88.80元
40	骰子世界	〔英〕布莱恩·克莱格	预估49.80元
41	人类极简史	〔英〕布莱恩·克莱格	预估49.80元
42	生命新构件	贾乙	预估42.80元

欢迎加入平行宇宙读者群·果壳书斋 QQ：484863244

邮购：重庆出版社天猫旗舰店、渝书坊微商城。

各地书店、网上书店有售。

扫描二维码

可直接购买